城市照明工程系列丛书

张　华　　丛书主编

城市道路照明工程设计 （第二版）

李铁楠　主编

中国建筑工业出版社

图书在版编目（CIP）数据

城市道路照明工程设计／李铁楠主编． — 2 版． —
北京：中国建筑工业出版社，2024.4
（城市照明工程系列丛书／张华主编）
ISBN 978-7-112-29685-9

Ⅰ.①城…　Ⅱ.①李…　Ⅲ.①城市道路-照明设计
Ⅳ.①TU113.6

中国国家版本馆 CIP 数据核字（2024）第 057263 号

本系列丛书是以城市照明专项规划设计、道路照明和夜景照明工程设计、城市照明工程施工及竣工验收等行业标准为准绳，收集国内设计、施工、日常运行、维护管理等实践经验和案例等内容，组织了国内一些具有较高理论水平和设计、施工管理丰富的实践经验人员编写而成。

本系列丛书主要包括国内外道路照明标准介绍、道路照明设计原则和步骤、设计计算和设计实例分析、道路照明器材的选择、机动车道路的路面特征及照明评价指标、接地装置安装、现场照明测量和运行维护管理等内容。

本书修编的主要内容有：针对高架道路、城市隧道、多功能灯杆等道路载体增加了城市道路照明的设计方案。同时，对人行道的垂直照度，提出了道路照明新的设计方案。随着近几年 LED 光源和单灯控制等新技术的大规模应用，对道路照明设计中相关的内容进行了更新。

本系列丛书叙述内容深入浅出、图文并茂，具有较强的知识性和实用性，不仅可供城市照明行业设计师、施工员、质量检验员、运行维护管理人员学习参考使用，也可作为城市照明工程安装和照明设备生产企业有关技术人员学习参考用书和岗位培训教材。

责任编辑：杨　杰　张伯熙
责任校对：赵　力

城市照明工程系列丛书
张　华　　丛书主编
城市道路照明工程设计
（第二版）
李铁楠　主编
＊
中国建筑工业出版社出版、发行（北京海淀三里河路 9 号）
各地新华书店、建筑书店经销
北京科地亚盟排版公司制版
北京同文印刷有限责任公司印刷
＊
开本：787 毫米×1092 毫米　1/16　印张：10¾　字数：264 千字
2024 年 4 月第二版　　2024 年 4 月第一次印刷
定价：35.00 元
ISBN 978-7-112-29685-9
（42155）

《城市照明工程系列丛书》修编委员会

主　　编：张　华
副主编：赵建平　荣浩磊　刘锁龙
编　　委：李铁楠　麦伟民　凌　伟　张　训　吕　飞
　　　　　吕国峰　周文龙　王纪龙　沈宝新　孙卫平
　　　　　郗书堂　隋文波

本书修编委员会

主　　编：李铁楠
副主编：张　训
编写人员：（排名不分先后）
　　　　　王书晓　吴春海　张恭铭　任　恺　黄敏冬

丛书修编、编审单位

修编单位：《城市照明》编辑部　中国建筑科学研究院建筑环境与
　　　　　能源研究院　北京同衡和明光电研究院有限公司　常州
　　　　　市城市照明管理处　深圳市市容景观事务中心　上海市
　　　　　城市综合管理事务中心　常州市城市照明工程有限公司
　　　　　江苏宏力照明集团有限公司　鸿联灯饰有限公司　丹阳
　　　　　华东照明灯具有限公司
编审单位：北京市城市照明协会　上海市区电力照明工程有限公司
　　　　　成都市照明监管服务中心　南通市城市照明管理处

前　　言

城市照明建设是一项系统工程,从城市照明专项规划设计、工程项目实施、方案遴选、器材招标、安装施工、竣工验收到运行维护管理等,每个环节都要精心策划、认真实施才能收到事半功倍的成效。当今中国的城市照明的发展十分迅速,并取得了巨大的成就,对城市照明的规划设计、工程项目的实施到运行维护管理都提出了更高的要求。

本系列丛书自2018年出版至今已6年,受到了相关专业设计和施工技术人员和高等院校师生的欢迎。近几年来,与城市照明相关的政策法规、标准规范的不断更新、完善,照明新技术、新产品、新材料也推陈出新。应广大读者要求,编辑委员会根据新的政策法规、标准规范,以及新的照明技术,对本系列丛书进行了全面修编。

住房和城乡建设部有关《城市照明建设规划标准》CJJ/T 307、《城市道路照明设计标准》CJJ 45等一系列规范的颁布实施,大大促进了我国城市照明建设水平的提高。我们在总结城市照明行业多年来实践经验的基础上,收集了近年来我国部分城市照明管理部门的城市照明规划、设计、施工、验收、运行维护管理的典型方案,以及部分生产厂商近几年来开发的新技术、新产品、新材料,整理、修编成城市照明工程系列丛书。

本系列丛书书名和各书主要修编人员分工:

《城市照明专项规划设计(第二版)》　　荣浩磊

《城市道路照明工程设计(第二版)》　　李铁楠

《城市夜景照明工程设计(第二版)》　　荣浩磊

《城市照明工程施工及验收(第二版)》　　凌　伟

《城市照明运行维护管理(第二版)》　　张　训

本系列丛书在修编过程中参考了许多文献资料,在此谨向有关作者致以衷心的感谢。同时,由于编者水平有限,修编时间仓促,加之当今我国城市照明新技术、新产品的应用和施工水平的不断发展,系列丛书的内容疏漏或不尽之处在所难免,恳请广大读者不吝指教,多提宝贵意见。

目　　录

第1章 设计原则、步骤及设计标准

1.1 设计原则

在城市的机动车交通道路上设置照明的目的是为机动车驾驶人员创造良好的视觉环境，以求达到保障交通安全、提高交通运输效率、降低犯罪活动、美化城市夜晚环境的效果。在人行道路以及主要供行人和非机动车使用的居住区道路上设置照明的目的是为行人提供舒适和安全的视觉环境，保证行人能够看清楚道路的形式、路面的状况、有无障碍物。看清楚使用该道路的车辆及其行驶情况和意向，了解车辆的行驶速度和方向，判断与车辆之间的距离。行人相遇时，能及时地识别对面来人的面部特征，判断其动作意图，方便人们的交流，并能够有效防止犯罪活动。此区域的道路照明还能对居住区的特征和标志性景观以及住宅建筑的楼牌楼号进行适当的辅助性照明，有助于行人的方向定位和寻找目标的需要；另外，居住区的道路照明有助于创造舒适宜人的夜晚环境氛围。

在城市道路照明设计中，应牢固树立创新、协调、绿色、开放、共享的发展理念，遵循安全可靠、技术先进、经济合理、节能环保、维修方便的五大基本原则。

安全可靠是保障人民群众的生命和财产安全，体现了最广大人民群众的根本利益，主要包含两方面的意义：一是整个照明系统在运行期间都应确保其安全可靠的工作，从而保证道路照明效果达到标准规定的要求；二是道路照明设施遍布整个城市的各类道路，和道路使用者及设备维护者关系密切，设备的机械安全和电气安全十分重要，因为关系到人们的生命财产安全。

技术先进就是要大力推广节能环保新技术、新产品，优先选择通过认证的高效节能照明电器产品和节能控制技术，努力降低城市照明电耗。采用科学的照明设计方法，避免道路照明所带来光污染的负面效应，设计时应本着以人为本的原则建设一个适宜、和谐、友好的照明环境。

经济合理的原则包含两方面的意义：一方面，要尽可能减少建设成本和运行费用，以较小的工程投资来获得较好的照明效果；另一方面，在满足夜间车辆行驶和行人视觉条件前提下，尽量减少不合理照明所带来的经济与能源的浪费。

节能环保应引起城市照明设计师足够重视，人造灯光已经让夜晚不那么黑了，更多的照明或者不科学的照明并不会给夜行人带来更多的舒适环境，随之而来的负面问题凸现在我们眼前，能源的浪费导致大气温室效应增多、天文观测难度增加，人们在"白夜"中不能安眠，夜行动物无处藏身。应采用科学的设计方法选用技术先进、节能环保的照明产品。

维修方便关系到维修工人日常运行维护管理的工作效率问题，结构复杂、难以安装维护的产品是不科学、不合格的产品，影响日常运行维护管理部门的经济效益和工作效率。

城市道路照明还具有完善城市功能，美化城市环境的作用。我们要坚持以人为本，树立全面协调可持续的科学发展观，围绕构建城市道路照明系统完备、高效实用、智能绿色、安全可靠的现代化基础设施体系，严格按照城市道路照明设计标准及相关规范进行设计，以绿色低碳发展为引领，努力构建绿色、健康、人文的城市照明环境，切实提高城市道路照明设计质量和综合效益，不断满足人民群众对美好生活的需要。

1.2 设计文件的编制和步骤

设计文件一般由图纸目录、设计说明书、设计图纸、主要设备和材料表、概预算书组成。道路照明工程涵盖照明、电气两个专业，但照明专业自始至终都是主体专业。

城市道路照明设计文件中的图纸绘制应按国家现行的有关建筑、机械制图统一制图的标准图例，电气设计图和图形符号、文字应按标准、规范绘制。套用通用图应在设计文件的图纸目录中注明采用的图集名称和页次。重复使用其他工程的图纸时，也要详细地说明图纸出处。每一项工程的设计文件，可根据工程的特点和实际情况确定其内容，但必须满足上述相应深度的要求。

确定设计方案步骤和深度：

（1）确定道路的类型等级，比如，它是否是主干路、次干路等。根据道路的设施完善情况、道路的交通流量及其时间段分布、道路的车速规定和实际速度情况、道路上的交通构成状况、道路周边环境的亮度等因素，选定该条道路的照明标准。

（2）根据道路的平面布置，包括：车道数、车道宽度、中间隔离带宽度、两侧隔离带宽度，确定灯杆的位置等。

（3）选择灯具布置方式：根据道路的平面形式和照明要求，比较灯具的布置方式，如：是单侧布置、双侧交错布置、双侧对称布置、中心对称布置，还是在上下行道路上分别采取各自的布置方式，通过比较选择适合的方式。

（4）选择光源和灯具：包括高压钠灯、陶瓷金属卤化物灯、发光二极管光源等，综合考虑道路的照明要求和各个光源的技术性能和经济性，选择光源类型、光源功率、光度参数、色度参数等。

（5）选择设计参数：根据道路横断面形式、路宽，以及照明要求，选择灯具安装高度、灯具安装间距、悬臂长度、灯具仰角等。

（6）计算验证：根据前面所选择的灯具布置方式、灯具配光类型，以及诸多设计参数，进行照明计算。

（7）参数调整：计算结果距标准要求有差距，应返回来调整光源或灯具的参数，或者调整设计参数，然后再进行计算，直至满足设计标准要求。

（8）备用方案：针对前面已经满足要求的设计参数和产品参数进行相应的调整，变换其中的一个或多个参数，再进行计算。本环节中也会有不能一次性达标的情况出现，因此，也同样像（7）中那样进行调整并验证，直至满足要求，形成第二方案。

（9）按照（8）中的步骤操作，获得若干套方案，再对它们进行技术、经济、节能等综合分析比较，从中选择满足要求的方案。

（10）进行照明节能的核算，检查该方案是否满足照明功率密度值（LPD）的要求。

（11）进行电气和控制方面的设计。确定电源位置，进行线路（电缆）、负荷、电压损失、功率补偿和接地保护等计算，根据计算确定线、缆型号、规格、电源容量及相应的控制模式。

（12）前面的步骤是针对机动车道的普通路段进行的设计，下面还要全面统计该条道路上存在的所有特殊区域和场所，对于这些特殊区域和场所，同样要采用前面所述的步骤进行设计，获得相应的照明方案。

（13）把普通路段的照明方案和特殊区域及场所的照明方案进行汇总，考查他们的衔接问题，如果在衔接方面有矛盾，采取相应的针对性措施进行协调。

（14）绘制图纸：包括道路照明灯具位置平面图、道路典型断面灯具布置图、电气线路图、一、二次控制系统图、灯杆混凝土基础、工井、电缆沟槽、配电箱、箱式变电站基础等设计图。

（15）编制道路照明工程设计说明，汇编工程设计计算书、工程概（预）算等。

（16）编制设备安装参数表格：包括灯具安装参数、灯具编号、电气设备参数等。

（17）编写照明系统运行维护管理操作手册。

1.3　设计文件编制的内容

城市道路照明设计文件一般由图纸目录、设计说明书、设计图纸、主要设备和材料表、概（预）算书等组成。

1.3.1　设计图纸目录

列出本工程图纸的名称、图别、图号、规格和数量。图纸的排列顺序：先排列新绘制的图纸，后排列选用的标准图和重复使用的工程设计图。

1.3.2　设计说明主要编写的内容

（1）工程概况：道路的起讫点、道路断面分布情况、路灯安装的位置、线缆敷设的方式，以及全线共装各种形式的路灯、总容量、变配电箱的数量等。

（2）设计依据：说明本工程项目批准文件和依据、标准、规范，当地供电部门的技术规定，本工程其他专业提供的设计资料等。

（3）设计范围：依据上级主管部门批准下达的工程项目有关资料，说明本专业的内容和分工，如为扩建、改建和新建工程时，应说明原有路灯设施与新（改）建路灯设施之间的相互关系和提供的设计资料。

（4）供电设计：说明供电电源和电压，电源位置、距离、专用线路或非专用线路、电缆或架空线，供电的可靠性程度，变压器容量，对供电安全所采取的措施等。

（5）配电设计：说明本工程总照明负荷分配情况及计算结果，给出各分（回）路设施的容量、计算电流、补偿前后的功率因数等。采用何种接地保护系统，对接地电阻值的要求，导线的型号、规格的选择，线路的敷设方式等内容。

（6）道路照明设计：应根据道路和场所的特点及照明要求，选择照明灯具的布置方式，确定道路快慢车道、人行道或广场等的路面平均亮度（或路面平均照度）、路面亮度总均匀度和纵向均匀度（路面照度均匀度）、眩光限制、环境比、功率密度和诱导性等指标。光源与照明器具的选择，如灯杆材质和高度、仰角、单悬挑、双悬挑、组合灯具及安装注意事项。

（7）监控系统设计：说明信号装置的种类、设置的场所和控制方式，分散控制或集中控制、控制设备的选择和监控系统能达到的使用要求。

（8）设计文件主要以图纸为主，设计说明是设计图的补充，凡图中已表示清楚的，设计说明中可不再重述。

1.3.3 各设计项目对设计图纸的要求

城市道路明工程设计图绘制应符合现行标准《城市照明设计与施工》16D702-6 16MR606 和《电气技术用文件的编制》GB/T 6988 的要求。

（1）室外单相配电箱、变配电系统图：绘制成单线系统图，在下方或近旁设标注栏，标明设备元器件的型号、规格、母线、电压等级和电工仪表，标注栏应由上至下依次标注。一个工程中有 2 个以上供配电设备，一、二次回路和负荷分配图相同只画一个供配电系统图即可，如果一、二次回路线路相同，负荷不同即应将 N 个负荷分配图都绘制。道路照明工程一次回路系统示意图见图 1-1～图 1-3，二次回路系统示意图见图 1-4、图 1-5，负荷分配示意图见图 1-6。

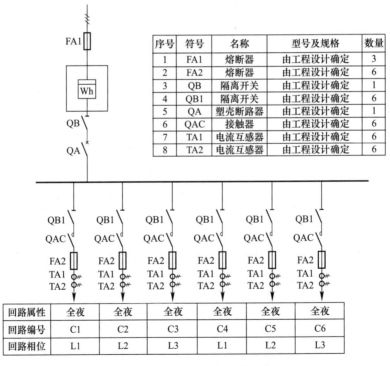

图 1-1 室外单相配电箱系统示意图

注：1. 本图为室外配电箱一路 0.4kV 电源进线，低供低计，出线 6 路单相，示例图仅供参考。

2. 本方案中未设置剩余电流动作保护器，当需要设置时，应由工程设计确定设置于配电箱出线端或每个路灯处。

3. 熔断器、断路器、剩余电流动作保护器选型由工程设计确定。

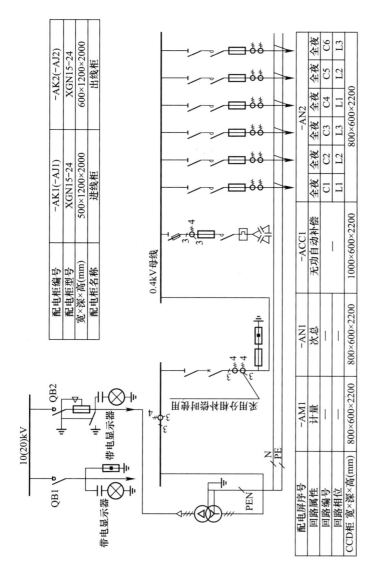

图 1-2 10(20)kV 单相馈线一次系统示意图

注: 1. 本图为变电所一路 10(20)kV 电源单相线。出线 6 路单相, 该示例仅供参考。
2. 变电所规模为 1×500kVA 变压器。0.4kV 低压铜母线(相母线)规格为 63×6.3mm。
3. 高、低压侧均为单母线接线方式。
4. 应设置变压器网(柜)门误开跳闸保护, 断开变压器高压侧开关。
5. 无功补偿柜须具备过零投切, 分相补偿功能, 分相补偿容量不低于总补偿容量的 40%。
6. 低压柜内设通长 PE 铜排, 铜排规格 TAY-50×5。

配电柜编号	-AK1(-AJ1)	-AK2(-AJ2)
配电柜型号	XGN15-24	XGN15-24
宽×深×高(mm)	500×1200×2000	600×1200×2000
配电柜名称	进线柜	出线柜

配电屏序号	-AM1	-AN1	-ACC1	-AN2					
回路属性	计量	次总	无功自动补偿	全夜	全夜	全夜	全夜	全夜	全夜
回路编号	—	—	—	C1	C2	C3	C4	C5	C6
回路相位	—	—	—	L1	L2	L3	L1	L2	L3
CCD柜 宽×深×高(mm)	800×600×2200	800×600×2200	1000×600×2200	800×600×2200					

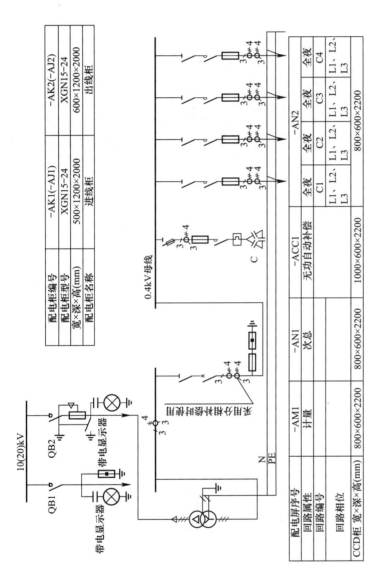

图 1-3 10(20)kV 三相馈线一次系统示意图

注: 1. 本图为变电所一路 10(20)kV 电源进线、高供高计、出线 6 路单相、该示例仅供参考。
2. 变电所规模为 1×500kVA 变压器、0.4kV 低压铜母线 (相母线) 规格为 63mm×6.3mm。
3. 高、低压侧均为单母线接线方式。
4. 应设置变压器网 (柜) 门误开跳闸保护、断开变压器高压侧开关。
5. 无功补偿柜须具备过零投切、分相补偿功能、分相补偿容量不低于总补偿量的 40%。
6. 低压柜内设通长 PE 铜排、铜排规格 TAY-50×5。

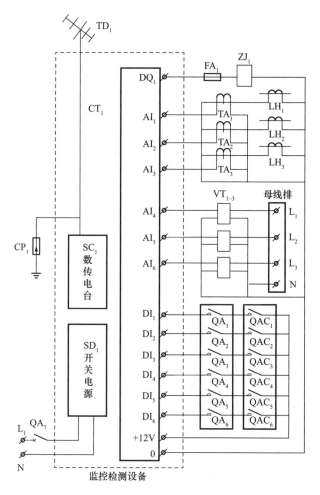

器材名称	型号规格
定向天线	TDY-200-5
熔断器	FA₁-15/2A
中间继电器	JTC-2C DC12V
TA₁₋₃ 电流互感器	1511 Q0 5A/2 5V
LH₁₋₃ 互感器	LMZ-0.66 200/5,0.5级
VT₁₋₃ 电压互感器	V511 Q0 500V/2.5V
QA₁₋₆ 断路器辅助触点	C45N 63A/1P
QAC₁₋₆ 接触器辅助触点	LC1-633M
QA₇ 断路器辅助触点	C45N 10A/1P

图 1-4　二次回路系统示意图

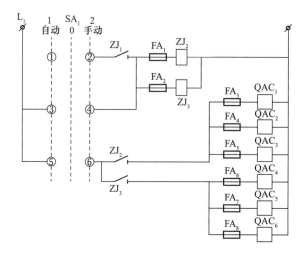

器材名称	型号规格
SA₁ 万能转换开关	LW5-16
FA₁₋₂ 熔断器	RL1-15/2A
ZJ₂₋₃ 中间继电器	JQX-10F/2C AC220V
ZJ₂₋₃ 继电器触点	JQX-10F/2C
FA₃₋₈ 熔断器	RL1-15/6A
QAC₁₋₆ 接触器	LC1-633M

图 1-5　二次回路系统示意图

至箱变低压出线

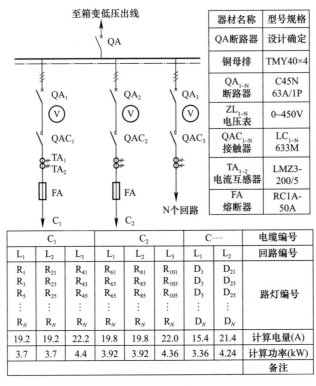

器材名称	型号规格
QA断路器	设计确定
铜母排	TMY40×4
QA$_{1\sim N}$断路器	C45N 63A/1P
ZL$_{1\sim N}$电压表	0~450V
QAC$_{1\sim N}$接触器	LC$_{1\sim N}$ 633M
TA$_{1\sim 2}$电流互感器	LMZ3-200/5
FA熔断器	RC1A-50A

C$_1$			C$_2$			C......		电缆编号
L$_1$	L$_2$	L$_3$	L$_1$	L$_2$	L$_3$	L$_1$	L$_2$	回路编号
R$_1$	R$_{21}$	R$_{41}$	R$_{61}$	R$_{81}$	R$_{101}$	D$_1$	D$_{21}$	
R$_3$	R$_{23}$	R$_{43}$	R$_{63}$	R$_{83}$	R$_{103}$	D$_3$	D$_{23}$	
R$_5$	R$_{25}$	R$_{45}$	R$_{65}$	R$_{85}$	R$_{105}$	D$_5$	D$_{25}$	路灯编号
⋮	⋮	⋮	⋮	⋮	⋮	⋮	⋮	
R$_N$	R$_N$	R$_N$	R$_N$	R$_N$	R$_N$	D$_N$	D$_N$	
19.2	19.2	22.2	19.8	19.8	22.0	15.4	21.4	计算电量(A)
3.7	3.7	4.4	3.92	3.92	4.36	3.36	4.24	计算功率(kW)
								备注

图 1-6 负荷分配示意图

（2）20kV变电所、室和预装式变电站平面图：按比例画出变压器、配电屏（柜）、电容器柜等平面布置、安装尺寸（图1-7、图1-8）。变配电室选用标准图时，应注明选用标准图的编号和页次。

（3）室外配电箱、预装式变电箱、站接地系统平面示意图：绘制接地体和接地线的平面布置、材料规格、埋设深度、接地电阻值等（图1-9、图1-10）。选用标准图应注明标准图编号和页次。

（4）道路照明平面图（图1-11）：画出道路的几何形状平面轮廓、平面布置供配电箱式变、配电室、配电箱、灯位、线路走向、手孔（人孔）井位置。

（5）监控系统图：监控（防盗）绘制方框图或原理图即可，信号系统和监控环节的组成和精度要求由监控系统设计制作单位提供资料。

（6）道路断面管线灯位示意图：在道路断面图上画灯具杆位、高度、仰角、悬挑长度、管线位置，标注各种施工安装尺寸（图1-12）。

（7）绘制灯杆设计图、混凝土基础图、箱式变电站基础图、配电箱（柜）设计图、手（人）孔井和过渡接线箱施工图、电缆线路埋设示意图等。

（8）主要设备及材料表：列出整个工程的照明电器产品和非标准设施的数量、规格、型号及主要材料明细表。

（9）设计计算书：道路照明工程的负荷计算、亮度（照度）计算、导线截面计算、电压降、功率因数、照明功率密度计算、特殊部分的计算，分别列入设计说明书和设计图纸中。各部分的计算书应经技术分管领导审核并签字，作为技术文件归档，不外发。

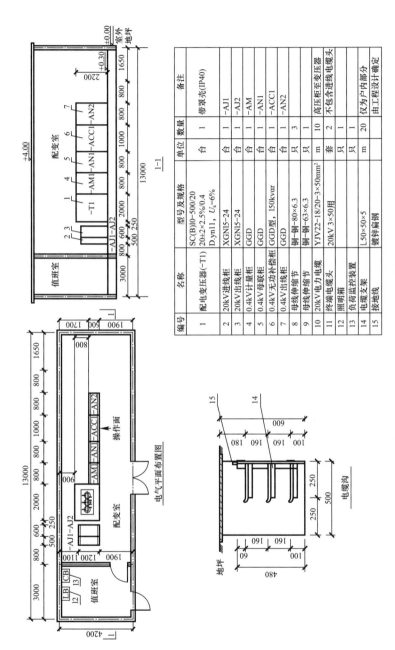

图 1-7 20kV 变电所平面布置示意图

编号	名称	型号及规格	单位	数量	备注
1	配电变压器 (-T1)	SC(B)10-500/20 20±2×2.5%/0.4 D,yn11, U_k=6%	台	1	带外壳(IP40)
2	20kV进线柜	XGN15-24	台	1	-AJ1
3	20kV出线柜	XGN15-24	台	1	-AJ2
4	0.4kV计量柜	GGD	台	1	-AM
5	0.4kV母联柜	GGD	台	1	-AN1
6	0.4kV无功补偿柜	GGD型, 150kvar	台	1	-ACC1
7	0.4kV出线柜	GGD	台	1	-AN2
8	母线伸缩节	铜—80×6.3	只	3	
9	母线伸缩节	铜—63×6.3	只	1	
10	20kV电力电缆	YJV22-18/20-3×50mm²	m	10	高压柜至变压器
11	终端电缆头	20kV 3×50用	套	2	不包含进线电缆头
12	照明箱		只	1	
13	负荷监控装置				仅为户内部分
14	电缆支架	L50×50×5	只	1	由工程设计确定
15	接地网	镀锌扁钢	m	20	

电气平面布置图

注: 1. 本工程室内地坪设计标高为±0.000, 室内外地坪高差为 0.30m。
2. 砖砌体采用标准砖, 地圈梁以上采用 M5 混合砂浆, 地圈梁以下采用 M5 水泥砂浆砌筑。
3. 屋面用 400×400×30 架空板隔热, 60 厚焦渣混凝土保温, 以及良好的防水和排水措施。
4. 地面为水磨石地面, 用 5mm 厚玻璃条等分格, 分格尺寸为 1000×1000。
5. 内墙面做 900mm 高 1:3 水泥砂浆墙裙, 不做踢脚线, 其余均做一般纸筋灰粉刷, 再刷白涂料两度; 外墙贴红褐色缸砖。
6. 大门安装 900mm 高墙用钢栏杆做成, 门窗开启方向一律朝外。
7. 配电室应预留有设备搬运、安装、检修的通道。
8. 图中尺寸以 mm 计, 高程以 m 计。
9. 10kV 变电所布置可参考。

9

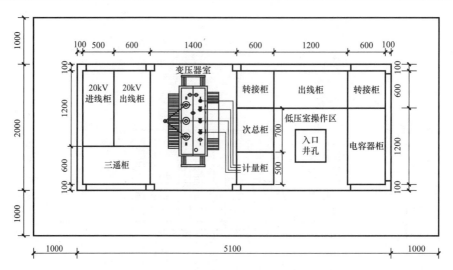

图 1-8 20kV 预装式变电站平面布置示意图

注：1. 本平面布置图仅作为参考，具体尺寸由工程设计确定。

2. 在变压器室、低压开关室等部位顶部应设置通风散热用的轴流风机。

3. 如果现场情况和本图不符，不利于进、出线，本图可镜像使用。

4. 本图的预装式变电站参考外形尺寸 5100mm×2000mm×2500mm。

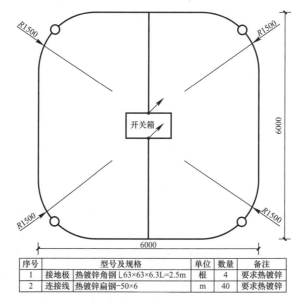

序号	名称	型号及规格	单位	数量	备注
1	接地极	热镀锌角钢 ∟63×63×6.3 L=2.5m	根	4	要求热镀锌
2	连接线	热镀锌扁钢-50×6	m	40	要求热镀锌

图 1-9 室外配电箱接地装置平面示意图

注：1. 接地网用 50×6 扁钢从两侧引入基础顶部预埋钢板焊牢。

2. 接地网总接地电阻应≤4 欧姆，（在低电阻接地系统中，接地电阻应保证≤3Ω）。如实测不足时，需扩大水平接地极范围。

3. 水平接地极和垂直接地极应敷设在自然土壤中，埋设深度≥0.8 米，接地网外缘各角应做成园角，其半径 $R=1.5m$。

4. 接地网在回填土时，应将低电阻率土壤直接覆盖水平接地极，尽量减少接地网的接地电阻。

5. 接地装置均采用电焊连接，扁钢与扁钢、扁钢与圆钢、扁钢与角钢、圆钢与圆钢等连接应符合《城市道路照明工程施工及验收规范》CJJ 89。

6. 在土建施工时，如接地网主干线与建筑物基础相碰时，主干线可适当移位或绕开，严禁将地网主干线开断。

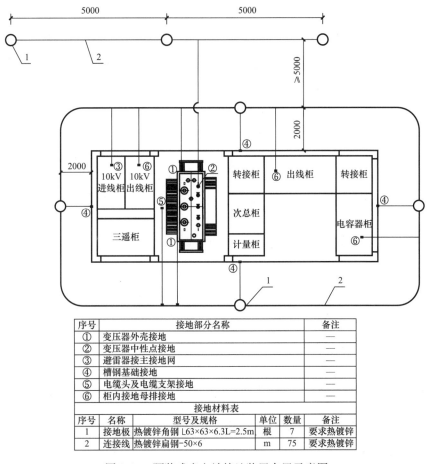

序号	接地部分名称	备注
①	变压器外壳接地	—
②	变压器中性点接地	—
③	避雷器接主接地网	—
④	槽钢基础接地	—
⑤	电缆头及电缆支架接地	—
⑥	柜内接地母排接地	—

接地材料表						
序号	名称	型号及规格	单位	数量	备注
1	接地极	热镀锌角钢 L63×63×6.3L=2.5m	根	7	要求热镀锌
2	连接线	热镀锌扁钢-50×6	m	75	要求热镀锌

图 1-10 预装式变电站接地装置布置示意图

注：1. 本图所示为变压器高压侧工作于小电阻接地系统，变压器功能接地（中性点接地）与变电站保护接地分开独立设置的方案；当变压器高压侧工作于不接地、消弧线圈接地或高电阻接地时，变压器功能接地（中性点接地）与变压器保护接地可共用接地网。

2. 接地装置以水平接地体为主，并辅以打入垂直接地体，接地扁钢埋深室外地坪下 1m，总接地电阻符合规范要求。

3. 接地工程为隐蔽工程，接地沟内不得填入建筑垃圾，必须经验收合格后再予覆土，以确保工程质量。

4. 接地装置均采用电焊连接，扁钢与扁钢、扁钢与圆钢、扁钢与角钢、圆钢与圆钢等连接应符合现行行业标准《城市道路照明工程施工及验收规范》CJJ 89 的规定。

5. 接地体（线）及接地卡子、螺栓等金属件必须热镀锌，在有腐蚀性土壤中，应适当加大接地体（线）的截面面积。

6. 变压器外壳应在两处接地。

7. 变压器中性线和保护线分开，中性接地线采用电缆穿保护管敷设至辅助接地网。接地线截面由工程设计确定。

8. 接地外露部分及焊接处须经防锈处理，并且明敷的接地线表面应涂 15～100mm 宽度相等的绿色和黄色相间的条纹。

9. 在有震动的地方，接地装置采用螺栓连接，应设弹簧等防松措施。

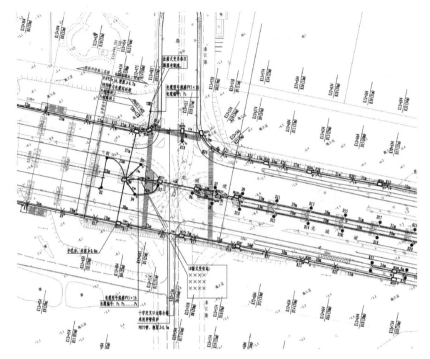

图 1-11　道路照明平面图

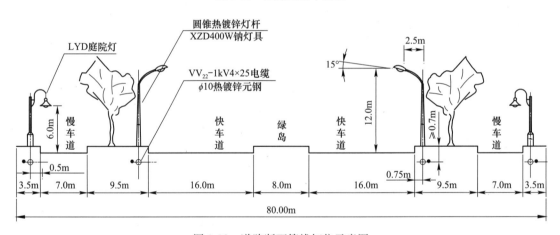

图 1-12　道路断面管线灯位示意图

　　（10）一个工程项目或一个子项工程的施工设计图完成后，在施工（安装）之前，设计人员应向施工（安装）班组的施工负责人或项目经理做工程设计的技术交底。主要介绍本工程设计的主要意图，强调施工中应注意的事项，解答施工人员和项目经理提出的技术问题。

1.4　道路照明规划简介

　　道路照明是城市道路设施的重要组成部分。良好的照明设施及其效果，对完善道路功能，保障城市运行，满足人们夜晚出行具有重要作用。因此，需要进行科学地设计和建设，才能发挥道路照明的作用。其中，比较重要的一点是应该进行道路照明的规划，这样，才能保证后续的道路照明设计和建设更为科学合理。

就道路照明规划而言，涉及的内容比较多，应该重点关注道路照明标准的选择。在进行道路照明设计时，需要选择合适的照明标准，标准与道路的类型、交通状况等一系列情况相关，这些因素影响着所提供的照明等级，也就是影响所要选择的照明标准。国际照明委员会（CIE）对这些因素进行了总结，包括：道路上的行车速度，交通流量，交通构成情况，不同类型行车道的隔离状况，道路上交会区类型、分布及密度，道路上是否设置停车带，道路周边的环境亮度情况，夜晚道路上的视觉引导状况。确定这些影响因素，要通过科学、系统、针对性的调研，获取目标道路上的相关信息，这些调查工作就是道路照明规划的重要内容。

1）道路上的行车速度。在进行城市规划和道路设计时，对道路的类型和等级作了相应的规定，因此，车速也就有了规定。但是，即使是同类型、同级别的道路，如果它们位于不同类型或规模的城市、处于城市的不同区位，或者是同一条道路在一天内的不同时间，都可能有所变化，所以，要通过前期规划中的调查工作，确认其相应的具体情况，以便了解它所需要的照明数量和类型。

2）交通流量。交通流量会影响到道路上的照明等级，所以要根据交通流量的高低来选定相应的照明标准。关于交通流量，它会因不同的城市、不同的时间段、城市的发展水平阶段、道路周边环境性质的变化而变化。

3）交通构成情况。虽然城市中的主要道路大多进行了人行和车行的划分隔离，但并非所有的道路能完整地隔离行驶，道路设施中的某些不完善可能会导致混行情况的发生（大车与小车、汽车与电动自行车、电动自行车与普通自行车、电动车与行人等混行情况），所以要通过相应的调查，确认混行类型、混行程度、混行对交通的影响以及随后的照明解决要求等。

4）不同类型车道的隔离状况。为了减少不同类型交通的混行和互相干扰，一般会通过道路设施的设计加强隔离，让不同交通各行其道，减少事故、保障交通和通行效率。但现场情况千差万别，加之客观条件的限制，还是无法保证不同类型车道的彻底隔离，或者达成通过隔离等方式获得的效果，所以，要通过规划中的调查来获知隔离情况，进而对道路照明等级提出恰当的要求。

5）道路交会区类型、分布及密度。交会区是道路上的重要区段，交通量大、交通复杂、交会类型丰富，是交通事故的多发区段，所以，需要对这些区段的数量、类型、分布情况等进行详尽的调查。

6）道路是否设置停车带。在一些城市或某些道路上，道路的边道可能会设置停车带，它们会对交通产生影响，这是因为停车带一方面侵占了原有的通行空间，提高了局部交通的密度；另一方面，车辆进出停车带也会干扰原来的车流形态，甚至形成不同车辆之间的行车动线交会。

7）道路周边的环境亮度情况。在路上驾车行驶的驾驶员，尽管其视线始终聚焦在路面，但是道路的环境也会进入到驾驶员的视野中，并且占据可观的比例，因此，环境的亮度和路面亮度共同决定了视野亮度，或者说环境亮度影响着视野亮度以及驾驶员对路面障碍物的识别。

8）夜晚道路上的视觉引导状况。夜晚道路上的视觉引导也有很多类型，保证它们都能发挥应有作用，是设计和标准选择中应该重点考虑的工作。

上述影响因素因不同的道路而不同，而且还会随时间、地区等诸多因素而变化，所以每隔一段时间，都应该进行一次规划工作，进行现场实地调查，然后据此调查结果调整相应的照明，使其更符合现场的实际情况和需要。

在我们国家的城市规划体系中，对城市道路是按照快速路、主干路、次干路、支路分类的，划分依据包括：车速、交通量、交会区分布等因素，还有与它们连带着的影响道路照明的衍生因素，比如，道路位置、道路周边环境性质、城市规模、交通控制、道路分隔设施的完善程度等，因此，为了适配国内的城市规划体系，也为了便于进行设计工作，在进行道路照明规划以及相应的道路现场情况调查时，需要对国外的调查规定和国内的规划体系内容综合考虑。

城市要发展，城区的布局和功能性质都有可能改变，进而造成道路和交通情况的变化，因此，照明也必然随之变化，以满足功能需要。道路等市政设施的调整变化是必然的，而且还可能是多次的，所以，分期进行相应的道路照明规划十分必要。

技术的进步促进了道路及其照明的发展和建设水平的提升，像智能控制、智慧城市、低碳照明等新的技术日渐成熟、科研成果的涌现都带来了道路照明设计和建设工作的进步。

对于任何新技术、新设备、新科研成果的引入，让它们融入道路照明系统中并发挥作用，都要有大量的前期工作作为铺垫，有软硬件设施的支持，因此，通过规划，做好前期的准备是非常必要的。前期的准备工作是在城市发展目标指引下，引进先进的技术和成熟的科研成果，达到道路照明水平提升、道路交通功能进一步完善、满足人们生活需要为目标的城市更新目的。

1.5　设计标准简介

1.5.1　机动车道路照明标准值

现行行业标准《城市道路照明设计标准》CJJ 45 中对城市机动车道路照明和人行道路照明规定的标准值如表 1-1～表 1-4 所示。

对同一级道路选定照明标准值时，需要考虑交通流量大小和车速高低，还应考虑交通控制系统和道路分隔设施完善程度。当交通流量大或车速高时，可选择表 1-1 中的高档值；对交通控制系统和道路分隔设施完善的道路，可以选择表 1-1 中的低档值。

对于那些仅供机动车行驶的或机动车与非机动车混合行驶的快速路和主干路的辅路，其照明等级应与相邻的主路相同。

机动车道路照明标准值 表 1-1

级别	道路类型	路面亮度			路面照度		眩光限制阈值增量 TI（%）最大初始值	环境比 SR 最小值
		平均亮度 L_{av}（cd/m²）维持值	总均匀度 U_O 最小值	纵向均匀度 U_L 最小值	平均照度 $E_{h,av}$（lx）维持值	均匀度 U_E 最小值		
I	快速路主干路	1.50/2.00	0.4	0.7	20/30	0.4	10	0.5

续表

级别	道路类型	路面亮度			路面照度		眩光限制阈值增量 TI（％）最大初始值	环境比 SR 最小值
		平均亮度 L_{av} (cd/m²) 维持值	总均匀度 U_O 最小值	纵向均匀度 U_L 最小值	平均照度 $E_{h,av}$ (lx) 维持值	均匀度 U_E 最小值		
Ⅱ	次干路	1.00/1.50	0.4	0.5	15/20	0.4	10	0.5
Ⅲ	支路	0.50/0.75	0.4	—	8/10	0.3	15	—

注：1. 表中所列的平均照度仅适用于沥青路面，若是混凝土路面，其平均照度值相应降低约30％；根据平均亮度系数可求出相同的路面平均亮度、沥青路面和混凝土路面分别需要的平均照度。
2. 表中各项数值仅适用于干燥路面。
3. 表中对每一级道路的平均亮度和平均照度给出了两档标准值，"/"的左侧为低档值，右侧为高档值。
4. 迎宾路、通向大型公共建筑的主要道路、位于市中心和商业中心的道路等，执行Ⅰ级照明标准。

1.5.2 交会区的照明标准

交会区的照明标准值应符合表1-2的规定。

交会区照明标准值　　　　　　表1-2

交会区类型	$E_{h,av}$ (lx)	U_E	眩光限制
主干路与主干路交会	30/50	0.4	在驾驶员观看灯具的方位角上，灯具在90°和80°高度角方向上的光强分别不得超过 10cd/1000lm 和30cd/1000lm
主干路与次干路交会			
主干路与支路交会			
次干路与次干路交会	20/30		
次干路与支路交会			
支路与支路交会	15/20		

注：1. 灯具的高度角在现场安装使用姿态下度量。
2. 表中对每一类道路交会区的路面平均照度给出了两档标准值；"/"的左侧为低档照度值，右侧为高档照度值。

1.5.3 人行道路及非机动车道路照明标准值

人行及非机动车道照明标准值见表1-3，人行及非机动车道照明眩光限值见表1-4。

人行及非机动车道照明标准值　　　　　　表1-3

级别	道路类型	$E_{h,av}$ (lx)	路面最小照度 $E_{h,min}$ (lx) 维持值	最小垂直照度 $E_{v,min}$ (lx) 维持值	最小半柱面照度 $E_{sc,min}$ (lx) 维持值
1	商业步行街，市中心或商业区行人流量高的道路，机动车与行人混合使用、与城市机动车道路连接的居住区出入道路	115	3	5	3
2	流量较高的道路	10	2	3	2
3	流量中等的道路	7.5	1.5	2.5	1.5
4	流量较低的道路	5	1	1.5	1

注：1. 最小垂直照度和半柱面照度的计算点或测量点均位于道路中心线上距路面1.5m高度处。
2. 最小垂直照度需计算或测量通过该点垂直于路轴的平面上两个方向上的最小照度。

人行及非机动车道照明眩光限值　　　　表 1-4

最大光强 I_{max} （cd/1000lm）			
≥70°	≥80°	≥90°	>95°
500	100	10	<1
—	100	20	—
—	150	30	—
—	200	50	—

注：表中给出的是灯具在安装就位后与其向下垂直轴形成的指定角度上任何方向上的发光强度。

1.5.4　常规道路照明

常规照明是道路照明中最常用的一种方法，它要求在道路的一侧、两侧，或中间分车带上按一定间距有规律地设置灯具，对道路路面进行照明，灯杆的安装高度通常在 15m 以下。

采用这种照明方式时，灯具的纵轴垂直于路轴，灯具发出的大部分光射向道路的纵轴方向。

常规照明灯具的布置分为单侧布置、双侧交错布置、双侧对称布置、中心对称布置和横向悬索布置五种基本方式（图 1-13）。

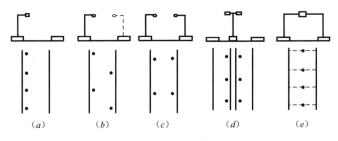

图 1-13　常规照明灯具布置的五种基本方式

（a）单侧布置；（b）双侧交错布置；（c）双侧对称布置；（d）中心对称布置；（e）横向悬索布置

采用常规照明方式时，应根据道路横断面形式、道路宽度及照明要求进行选择，灯具的悬挑长度不宜过长，灯具的仰角不宜超过 15°；

灯具的布置方式、安装高度和间距可按表 1-5 经计算后确定。

灯具的配光类型、布置方式与灯具的安装高度、间距的关系表　　　　表 1-5

配光类型	截光型		半截光型		非截光型	
布置方式	安装高度 H（m）	间距 S（m）	安装高度 H（m）	间距 S（m）	安装高度 H（m）	间距 S（m）
单侧布置	$H \geqslant W_{eff}$	$S \leqslant 3H$	$H \geqslant 1.2W_{eff}$	$S \leqslant 3.5H$	$H \geqslant 1.4W_{eff}$	$S \leqslant 4H$
双侧交错布置	$H \geqslant 0.7W_{eff}$	$S \leqslant 3H$	$H \geqslant 0.8W_{eff}$	$S \leqslant 3.5H$	$H \geqslant 0.9W_{eff}$	$S \leqslant 4H$
双侧对称布置	$H \geqslant 0.5W_{eff}$	$S \leqslant 3H$	$H \geqslant 0.6W_{eff}$	$S \leqslant 3.5H$	$H \geqslant 0.7W_{eff}$	$S \leqslant 4H$

1.5.5　特殊场所照明

（1）平面交叉路口外 5m 内的平均照度不宜小于交叉路口平均照度的 1/2。交叉路口可采用与相连道路不同色表的光源、不同外形的灯具、不同的安装高度或不同的灯具布置方式。十字交叉路口的灯具可根据道路的具体情况采用单侧布置、交错布置或对称布置，并根据路面照明标准需要增加杆上的灯具。大型交叉路口可另行设置附加灯杆和灯具,并应限制眩光。当有较大的交通岛时,可在岛上设灯,也可采用高杆照明或半高杆照明。

(2) T形交叉路口应在道路尽端设置灯具(图 1-14),并应充分显示道路形式和结构。

(3) 环形交叉路口的照明应充分显现环岛、交通岛和路缘石。当采用常规照明方式时,宜将灯具设在环形道路的外侧(图 1-15)。当环岛的直径较大时,可在环岛上设置高杆灯,并应按车行道亮度高于环岛亮度的原则选配灯具和确定灯杆位置。

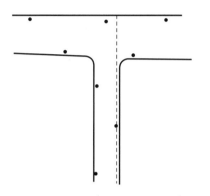 

图 1-14　T形交叉路口灯具设置　　　　图 1-15　环形交叉路口灯具设置

(4) 曲线路段,半径在 1000 m 及以上的曲线路段,其照明可按照直线路段处理。半径在 1000 m 以下的曲线路段,灯具应沿曲线外侧布置,并应减小灯具的间距,间距宜为直线路段灯具间距的 50%～70%(图 1-16),半径越小间距也应越小。悬挑的长度也应相应缩短。在反向曲线路段上,宜固定在一侧设置灯具,产生视线障碍时可在曲线外侧增设附加灯具(图 1-17);当曲线路段的路面较宽需采取双侧布置灯具时,宜采用对称布置;转弯处的灯具不得安装在直线路段灯具的延长线上(图 1-18);急转弯处安装的灯具应为车辆、路缘石、护栏以及邻近区域提供充足的照明。

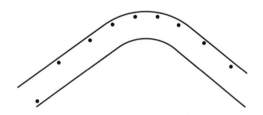 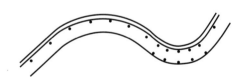

图 1-16　曲线路段上的灯具设置　　　　图 1-17　反向曲线路段上的灯具设置

(5) 高架道路的照明应符合下列要求:上层道路和下层道路应分别按与其连接道路的照明等级设计相应的照明。上层道路和下层道路宜采用常规照明方式,并应为道路的隔离设施提供合适的照明。下层道路的桥下路面区域照明不应低于桥外区域路面,并应为上层道路的支撑结构提供合适的照明。上下桥匝道的照明标准宜与其主路相同。有多条机动车道的高架道路不宜采用低杆照明。

(6) 立体交叉的照明应符合下列要求:应为驾驶员提供良好的诱导性,应提供无干扰眩光的环境照明,曲线路段、坡道等交通复杂路段的照明应适当加强。小型立交可采用常规照明,大型立交可选择常规照明或高杆照明。采用高杆照明时,宜核算车道的灯具出射

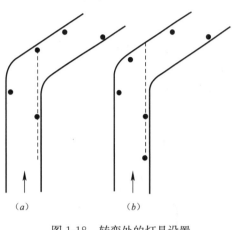

图 1-18　转弯处的灯具设置
(a) 不正确；(b) 正确

光通利用率不低于 50%。立交主路照明标准应与相连道路的照明相同。当其连接的各条道路照明等级不同时，应选择其中的照明等级最高者。立交匝道的照明标准宜与其相连主路相同，并应为隔离设施和防撞墙提供合适的照明。

（7）城市桥梁的照明应符合下列要求：中小型桥梁的照明应与其连接的道路照明一致。当桥面的宽度小于与其连接的路面宽度时，桥梁的栏杆、缘石应有足够的垂直照度，在桥梁的入口处应设灯具。大型桥梁和具有艺术、历史价值的中小型桥梁的照明应进行专门设计，应满足功能要求，并应与桥梁的风格相协调。桥梁照明应限制眩光，必要时应配置遮光板或用带格栅的灯具。有多条机动车道的桥梁照明不宜采用低高度照明。

1.5.6　人行横道照明

人行横道是交通相互冲突区域，发生交通事故的概率远高于常规路段。该区域的照明不仅应为驶近人行横道的机动车驾驶员提供警示作用，也需要为驾驶员对通过人行横道的行人和非机动车的识别能力提供充分保障。在人行横道处采用与道路部分不同类型、不同色温的光源等强烈对比色，可达到警示机动车和行人的效果。在人行横道提供比普通道路更高的照度，也可为通过道路的行人看清路面障碍物、安全快速通过提供保障，同时，要为行人提供最大视觉灵敏度及识别和判断给他们造成威胁的机动车速度的能力。人行横道照明对行人与机动车产生的眩光应最小，因此，在人行横道要使用有特别遮挡的照明设备。

机动车在行驶过程中，驾驶员对路面障碍物的识别能力主要基于在道路照明提供比较亮的路面背景上，障碍物面向驾驶员的一面较低的亮度而产生的负对比，而机动车车灯的作用正相反，车灯会照亮障碍物面向驾驶员的一面，会在不同距离、不同程度地降低障碍物与路面的负对比。因此，人行横道的照明应加强面向驾驶员方向的垂直照度，以提升正对比从而提升驾驶员的识别能力。

人行横道的照明要求如下：

（1）警示驾驶员，确保行人安全穿过路口。

（2）让行人看清路面上的障碍物或不规律性。

（3）人行横道的平均水平照度不低于人行横道每一侧道路照度的 1.5 倍，同时水平照度不低于表 1-6 的要求。

人行横道照明标准　　　　　　　　　　　　　　　　　　　　表 1-6

区域类型	照明标准（维持值）	
	平均水平照度 $E_{h,av}$	最小水平照度 $E_{h,min}$
商业及工业区	30	15
住宅区	20	6

照明方式：

（1）无常规道路照明的人行路口，双侧各布设一杆路灯或人行横道照明专用非对称配光灯具（图1-19），有常规道路照明的人行路口增设一套（一杆双灯）或一杆路灯或人行横道专用非对称配光灯具。

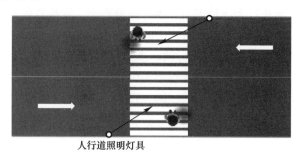

图1-19 街区中间人行横道照明示意

（2）街区中间无交通信号控制的人行路口布设一杆高度2~3m、亮度不低于300cd/m²、以每分钟40~60次频率闪烁的信号标志，对驾驶员进行警示。

（3）街区路口（交会区）附近的人行横道可结合交会区照明需求，将人行横道纳入交会区整体考虑，在人行横道处布设比直线路段路灯功率更大的路灯或每杆多设一套路灯，或根据交会区照明需求在普通路灯杆上增设投光灯（图1-20）。

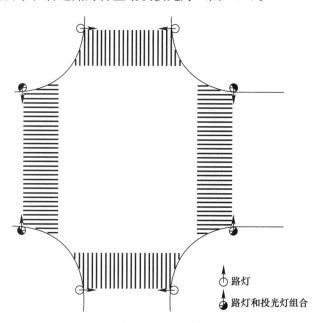

①路灯
①路灯和投光灯组合

图1-20 交会区人行横道照明示意

1.5.7 人行道、非机动车道照明

行人、非机动车骑行者等慢速交通行为的视觉任务与驾驶员有许多方面的不同。运动速度低、近的目标比远距离目标对步行者更重要。道路和步道上物体的表面形状和材质对步行者比较重要，但对以轮廓判断为主的驾驶员来说不重要。这些差别显示着满足驾驶员

需求的照明指标可能不能满足步行者，反之亦然。对居住区街道的高质量照明除了提升总体形象，好的照明还会阻止针对人身和财产的犯罪，更容易发现罪犯，给邻里更大的安全感。因此，布置和升级居住区道路照明常作为降低犯罪的一种措施，特别在城区这种重要性还在上升。

慢行道路照明必须使步行者能辨识行进路上的障碍物，发现其他人的活动，判断是否友好或可能的身体接近，为此，水平和垂直面上的照明，眩光的控制和显色性能都很重要。

要保证步行者在马路和步道上安全行动，水平照度必须充分。水平照度在地面高度测量，考虑平均照度和最小照度值，适用于整个使用表面（通常包括人行道和机动车道表面）。

在犯罪风险高或步行者主导活动的区域，应避免使用单色光源。使用显色性好的光源可以提升利用颜色对比度和改进面部识别，这对步行和低速交通区域的老年人和视力障碍者尤为重要。

图 1-21 显示了在不同路面亮度下，周边照度是车道照度 40% 的"明亮周边环境"和完全没有周边环境照度情况下，驾驶员距离多远可以识别路侧 3m 处出现的行人（识别距离）。

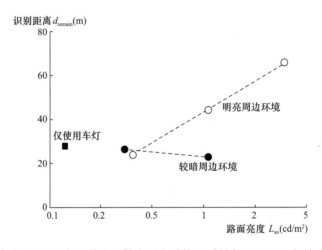

图 1-21　驾驶员对离路沿 3m 处行人的出现做出反应时的识别距离（d_{remain}）与路面平均亮度的关系图

1.5.8　高架道路照明

高架道路是城市机动车道路的一种特殊形式，一般仅限机动车通行，不同方向交通有严格的交通分隔。按 CIE115 对机动车道路的分类，此类道路可被归入 M3 级道路，执行 $1.0cd/m^2$ 的亮度标准，如按我国相关标准的要求，此类道路属于主干道/快速路，执行 $1.5/2.0cd/m^2$ 亮度标准。同时，由于高架道路两侧都有防撞墙，驾驶员通过周边视觉能看到车道周边环境也仅限于防撞墙，主干道/快速路所要求的环境比并不适用于高架道路。相反，由于高架道路灯具安装高度相对地面和道路周边建筑较高，对建筑特别是居住建筑距离高架较近的路段，应严控杆后光，避免和减少对建筑立面的光侵入，但应照亮防撞墙路侧表面，其表面亮度不低于路面亮度 60%（注：类似隧道墙面亮度不低于路面亮度 60%）。

高架道路往往通过上下匝道与地面道路连接，在匝道的车辆分流或汇流路段，属于道路交会区，应执行交会区照明标准。执行路段长度宜与主路路宽变宽长度一致。

互通式立交匝道的驶入段宜采用普通路灯,灯杆数量不少于3杆,提供诱导性。匝道中部如采用低位照明,灯具的发光面高度不宜超过1m,降低对驾驶员的眩光影响。立交最上层道路高度超过15m的互通式立交,如采用高杆照明,最上层道路应采用普通路灯提供照明,以满足路面平均亮度和亮度均匀度的要求。

环境比在我国相关标准的定义是:机动车道路缘石外侧带状区域内的平均照度与路缘石内侧等宽度机动车道的平均水平照度之比。带状区域宽度取机动车道路半宽度与机动车道路缘石外侧无遮挡带状区域宽度二者之间的较小者,但不超过5m。在照明设计软件计算中定义的公式是:机动车道路两侧带状环境区域的照度之和,与相邻两侧等宽度机动车道路的照度之和的比值(图1-22)。对于单侧布置的道路照明应用,两侧环境照度E1和E2可能相差很大,但仍能满足环境比不小于0.5的要求,常可能出现在其中的一个行车方向,环境照度远小于相邻机动车道路照度,对该方向行驶的驾驶员对其环境识别能力下降,存在安全隐患。

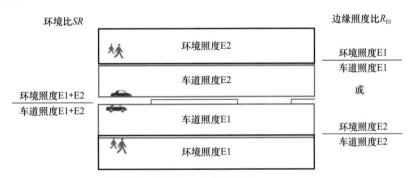

图1-22 环境比与边缘照度比

2015年发布的欧盟道路照明标准引入了边缘照度比R_{EI}的概念取代原来的环境比SR,定义为:道路两侧一个车道宽度的路缘石外侧带状区域的照度与相邻车道的平均照度之比,并取两者之间较小值,其值参见表1-7。而在照明设计软件中,选择不同的参考标准就可以计算SR或R_{EI}。

边缘照度比   表1-7

| 道路等级 | 机动车道路面亮度 | | | | 失能眩光 | 边缘照度比 |
| | 干燥路面 | | | 湿路面 | 干燥路面 | |
	L(cd/m²)	U_o	U_L	U_{ow}	f_{TI}(%)	
M1	2.00	0.40	0.70	0.15	10	0.35
M2	1.50	0.40	0.70	0.15	10	0.35
M3	1.00	0.40	0.60	0.15	15	0.30
M4	0.75	0.40	0.60	0.15	15	0.30
M5	0.50	0.35	0.40	0.15	15	0.30
M6	0.30	0.35	0.40	0.15	20	0.30

1.5.9 高杆照明

是一组灯具安装在高度大于或等于20m的灯杆上进行大面积照明的一种照明方式,主要用在广场、立交、面积较大的平面交叉口、停车场。

采用高杆照明方式时,灯具及其配置方式,灯杆位置、高度、间距,以及最大光强的瞄准方向等,应考虑按场地情况分别选择平面对称、径向对称和非对称方式（图 1-23）。布置在宽阔道路及大面积场地周边的高杆灯可以采用平面对称配置方式,布置在场地内部或车道布局紧凑的立体交叉的高杆灯可以采用径向对称配置方式,布置在多层大型立体交叉或车道布局分散的立体交叉的高杆灯宜采用非对称配置方式。对各种灯具配置方式,灯杆间距和灯杆高度均应根据灯具的光度参数,通过计算确定。高杆灯的灯杆不宜设置在路边易于被机动车刮碰的位置或维护时会妨碍交通的地方。高杆灯灯具的最大光强瞄准方向和垂线夹角不宜超过 65°。在环境景观区域设置的高杆灯,应在满足照明功能要求前提下与周边环境协调。

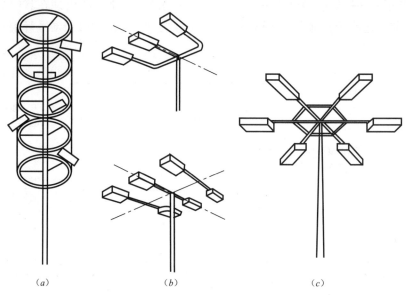

图 1-23　高杆灯灯具配置方式
（a）平面对称；（b）径向对称；（c）非对称

路面宽阔的城市快速路和主干路也可以考虑采用高杆照明方式,但是必须满足该道路的相应照明要求。

1.5.10　隧道照明

公路与城市隧道照明设计主要根据现行标准《公路隧道照明设计细则》JTG/T D70/2-01 进行。它主要规定了照明设施布置、一定流量与车道数量下,隧道接近段、入口段、加强段、中间段、出口段的照明段长度与指标,含亮度、均匀度与不同时间段、不同流量情况的调光策略,含接近段的减光方法、应急照明的技术要求等。

（1）公路隧道照明设计应满足路面平均亮度、路面亮度总均匀度、路面亮度纵向均匀度、频闪和诱导性等要求。

照明系统闪烁频率与照度亮度、灯具布置和行车速度等因素有关,合理确定闪烁频率可避免驾驶员视觉上的不舒适与心理干扰,达到行车安全的目的。诱导性是给驾驶员提供有关道路前方走向、线形、坡度等视觉诱导。

（2）各级公路隧道照明设置条件

1）长度 $L>200\text{m}$ 的一级公路隧道应设置照明。

2）长度 $500\text{m}<L\leqslant1000\text{m}$ 的二级公路隧道宜设置照明；三级、四级公路隧道应根据情况确定。

3）有人行需求的隧道，应根据隧道长度和环境条件满足行人通行需求而设置照明设施。

4）不设置照明的隧道应设置视线诱导设施。

（3）单向交通隧道照明可划分为入口段照明、过渡段照明、中间段照明、出口段照明、洞外引道照明以及洞口接近段减光设施。隧道照明区段照明构成如图 1-24 所示。

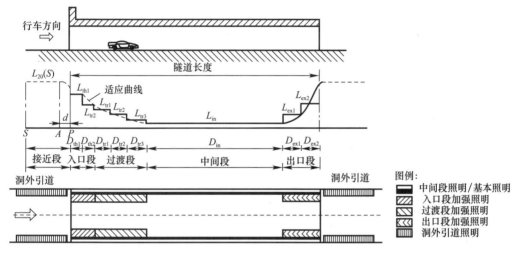

图 1-24　单向交通隧道照明系统分段图

P—洞口；S—接近段起点；A—适应点；$L_{20}(S)$—洞外亮度；L_{th1}、L_{th2}—入口段亮度；L_{tr1}、L_{tr2}、L_{tr3}—过渡段亮度；L_{in}—中间段亮度；D_{th1}、D_{th2}—入口段 TH_1、TH_2 分段长度；D_{tr1}、D_{tr2}、D_{tr3}—过渡段 TR_1、TR_2、TR_3 分段长度；D_{ex1}、D_{ex2}—出口段 EX_1、EX_2 分段长度。

（4）双向交通隧道照明可划分为入口段照明、过渡段照明、中间段照明、洞外引道照明以及洞口接近段减光设施。隧道照明区段照明构成如图 1-25 所示。

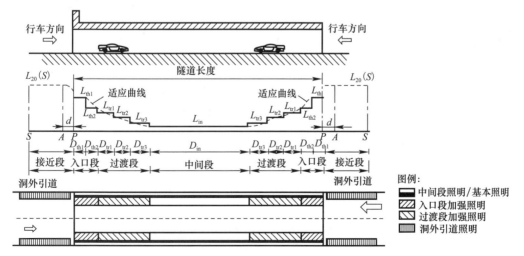

图 1-25　双向交通隧道照明系统分段图

（5）隧道照明的一般规定：

1）隧道入口段、过渡段、出口段照明应由基本照明和加强照明组成，基本照明应与中间段照明一致。

2）隧道两侧墙面 2m 高范围内的平均亮度，不宜低于路面平均亮度的 60%。

3）平均亮度与平均照度间的换算系数宜实测确定；无实测条件时，黑色沥青路面可取 $15lx/(cd \cdot m^{-2})$，水泥混凝土路面可取 $10lx/(cd \cdot m^{-2})$。

4）根据运营灯具受污状况和养护情况，养护系数 M 宜取 0.7；纵坡大于 2% 且大型车比例大于 50% 的特长隧道养护系数 M 宜取 0.6。

5）隧道照明灯具性能应满足：具有适合公路隧道特点的防眩光装置防护等级不低于 IP65；光源和附件便于更换，安装角度易于调整；金属部件具有良好防腐性能；LED 灯具的功率因数不应小于 0.95；气体放电灯具效率不应低于 70%，功率因数不应低于 0.85。

6）照明灯具的布置宜采用中线形式、两侧对称和两侧交错等形式。通常布置形式如图 1-26 所示。

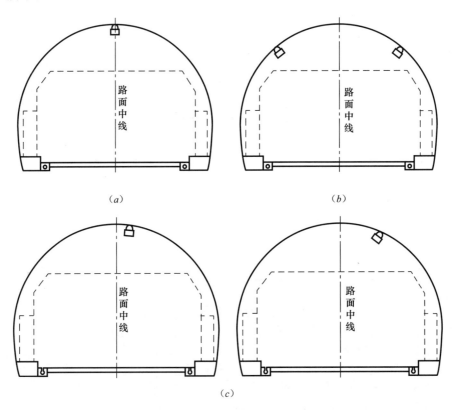

图 1-26　灯具布置形式示例图

（a）中线布置；（b）两侧交错或对称布置；（c）中线侧边布置

（6）入口段亮度

入口段划分为 TH_1、TH_2 两个照明段，与之对应的亮度应分别按式（1-1）及式（1-2）计算：

$$L_{th1} = k \times L_{20}(S) \tag{1-1}$$

$$L_{th2} = 0.5 \times k \times L_{20}(S) \tag{1-2}$$

式中　L_{th1}——入口段 TH_1 亮度；

　　　D_{th2}——入口段 TH_2 长度；

　　　k——入口段亮度折减系数，可按表1-8取值；

　　$L_{20}(S)$——洞外亮度。

入口段亮度折减系数 k　　　　　　　　　　　　　　　　　　　　表1-8

设计小时交通量 N [veh/(h·lm)]		设计速度 v_1 (km/h)				
单向交通	双向交通	120	100	80	60	20~40
≥1200	≥650	0.070	0.045	0.035	0.022	0.012
≤350	≤180	0.050	0.035	0.025	0.015	0.010

（7）过渡段亮度要求

过渡段宜按渐变递减原则划分为 TR_1、TR_2、TR_3 三个照明段，与之对应的亮度应按表1-9取值。在过渡段区域，TR_1、TR_2、TR_3 三个过渡照明段的亮度比例按3：1划分，如图1-27所示。

过渡段亮度　　　　　　　　　　　　　　　　　　　　　　　　　　表1-9

照明段	TR_1	TR_2	TR_3
亮度	$L_{tr1} = 0.15 L_{th1}$	$L_{tr2} = 0.05 L_{th1}$	$L_{tr3} = 0.02 L_{th1}$

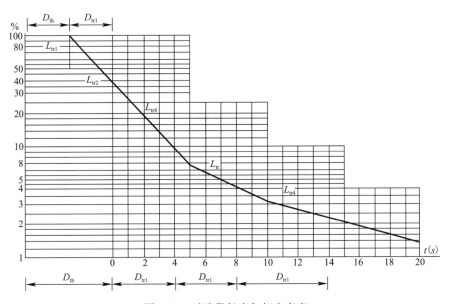

图 1-27　过渡段长度与相应亮度

长度 $L \leq 300m$ 的隧道可不设置过渡段加强照明。$300m < L \leq 500m$ 的隧道，当在过渡段 TR_1 能完全看到隧道出口时，可不设置过渡段 TR_2、TR_3 加强照明。当 TR_3 的亮度 L_{tr3} 不大于中间段亮度 L_{in} 的2倍时，可不设置过渡段 TR_3 加强照明，过渡段长度应按

式（1-3）～式（1-5）计算。

过渡段 TR_1 长度应按式（1-3）计算：

$$D_{tr1} - \frac{D_{th1} + D_{th2}}{3} + \frac{v_t}{1.8} \qquad (1-3)$$

式中　v_t——设计速度；

$v_t/1.8$——2s 内的行驶距离。

过渡段 TR_2 长度应按式（1-4）计算：

$$D_{tr2} = \frac{2v_t}{1.8} \qquad (1-4)$$

过渡段 TR_3 长度应按式（1-5）计算：

$$D_{tr3} = \frac{3v_t}{1.8} \qquad (1-5)$$

在洞口土建完成时，宜进行洞外亮度实测；实测值与设计取值的误差如超出-25%～$+25\%$，应调整照明系统的设计。

（8）中间段亮度和灯具布置

1）中间段亮度宜不小于基本照明亮度表 1-10 的规定。

2）行人与车辆混合通行的隧道，中间段亮度不应小于 2.0cd/m^2。

3）中间段灯具布置：

① 当隧道内设计速度行车时间超过 20s 时，照明灯具布置间距应满足闪烁频率低于 2.5Hz 或高于 15Hz 的要求。

② 路面亮度总均匀度不应低于表 1-10 所示值。

③ 路面亮度总均匀度不应低于如表 1-11 所示值。

④ 路面中线亮度纵向均匀度应不低于如表 1-12 所示值。

⑤ 当中间段位于平曲线半径不小于 1000m 的曲线段，照明灯具可参照直线段布置。在平曲线半径小于 1000m 的曲线段，当采用两侧布灯方式时，宜采用对称布置；当采用中线侧偏布灯时，照明灯具应沿曲钱外侧布置，间距宜为直线段照明灯具间距的 0.5～0.7 倍，半径越小布灯间距应越小。在反向曲线段上，宜在固定一侧设置灯具，若有视线障碍，宜在曲线外侧增设灯具。

基本照明亮度表 L_{in}　　　　　　　　　　　　　　表 1-10

设计速度 v_1（km/h）	L_{in}（cd/m²）		
	单向交通		
	$N \geqslant 1200\text{veh/(h·ln)}$	$350\text{veh/(h·ln)} < N < 1200\text{veh/(h·ln)}$	$N \leqslant 350\text{veh/(h·ln)}$
	双向交通		
	$N \geqslant 650\text{veh/(h·ln)}$	$180\text{veh/(h·ln)} < N < 650\text{veh/(h·ln)}$	$N \leqslant 180\text{veh/(h·ln)}$
120	10.0	6.0	4.5
100	6.5	4.5	3.0
80	3.5	2.5	1.5
60	2.0	1.5	1.0
20～40	1.0	1.0	1.0

路面亮度总均匀度 U_0 表 1-11

设计交通量 N（veh/(h·ln)）		U_O
单向交通	双向交通	
≥1200	≥650	0.4
≤350	≤180	0.3

注：当交通量在其中间值时，按线性内插取值。

亮度纵向均匀度 U_I 表 1-12

设计交通量 N（veh/(h·ln)）		U_I
单向交通	双向交通	
≥1200	≥650	0.6
≤350	≤180	0.5

注：当交通量在其中间值时，按线性内插取值。

（9）出口段亮度、紧急停车带和应急照明

1）出口段宜划分为 EX_1、EX_2 两个照明段，每段长 30m，其亮度应按表 1-13 取值。

出口段亮度表 表 1-13

照明段	EX_1	EX_2
亮度	$L_{ex1}=3L_{in}$	$L_{ex2}=5L_{in}$

2）紧急停车带主要是为异常车辆提供检修维护的场所，对其亮度和显色性的要求不同。紧急停车带照明宜采用显色指数高的光源，其亮度不应低于 4.0cd/m²；横通道亮度不应低于 1.0cd/m²，这是为人员疏散逃生及救援所提供必要的亮度。

3）应急照明

① 隧道长度 $L>500$m 应设置应急照明系统，并应采用不间断供电系统，供电电源维持时间不应少于 30min。

② 隧道长度 $L>1000$m 的一级、二级公路隧道应设置应急照明系统，照明中段时间不应超过 0.3s；三级、四级公路隧道应根据实际情况确定。

③ 应急照明亮度不应小于表 1-10 所列中间段数值的 10%，且不应低于 0.2cd/m²。

1.6 CIE 等国外道路照明标准介绍

1.6.1 CIE 关于道路照明的技术要求

CIE 在其相关技术文件中提出了城市机动车道路照明和人行道路照明标准的有关建议。

1. 机动车道路照明要求

CIE 总结了影响机动车道路照明的 8 个因素，这些因素因道路而异，需要设计者根据现场实际情况来确定。8 个因素是：行车速度、交通流量、交通构成情况、不同类型交通车道的隔离状况、道路交会区分布的密度、路边是否可以停车、环境亮度情况、夜晚道路上的视觉引导情况等。

27

设计者应亲赴道路现场考察这些因素，并将每个因素（参数）定量化，获得数据见表 1-14。通过对各个道路影响因素进行权重系数叠加，可以获得总的权重系数 WF（表 1-15），再通过如下计算：$M=6-SWF$，就可以获得这条道路所采用的照明标准等级 M。

CIE 技术文件中规定的各类机动车道路照明标准值　　　　　　表 1-14

| 照明等级 | 道路表面亮度 | | | | 阈值增量 | 有人行道、但人行道的照明达不到 $P_1 \sim P_4$ 级的道路 |
| | 干燥路面 | | | 潮湿路面* | | |
	维持的最小平均值 L_{av}（cd/m²）	总均匀度最小值 U_O	纵向均匀度最小值 U_L	总均匀度最小值 U_O	初始最大值的百分比 TI（%）	环境比 SR 最小值
M_1	2.0	0.4	0.7	0.15	10	0.5
M_2	1.5	0.4	0.7	0.15	10	0.5
M_3	1.0	0.4	0.6	0.15	10	0.5
M_4	0.75	0.4	0.6	0.15	15	0.5
M_5	0.50	0.35	0.4	0.15	15	0.5
M_6	0.30	0.35	0.4	0.15	20	0.5

注：* 应用于重要的黑暗时分并有相应的路面反射比数据的潮湿路。

影响道路照明的因素及其权重　　　　　　表 1-15

参数	选择	权重系数 WF	WF 的选择	参数	选择	权重系数 WF	WF 的选择
速度	高	1		交叉口的密度	高	1	
	中	0			中等	0	
交通流量	非常高	1		有否停车	有	1	
	高	0.5			无	0	
	中等	0		环境亮度	非常高	1	
	低	−0.5			高	0.5	
	很低	−1			中等	0	
交通组成	与很多非机动车辆混杂	1			低	−0.5	
					非常低	−1	
	混杂	0.5		视觉诱导和交通控制	差	0.5	
	只有机动车辆	0			好	0	
分隔带	无	1			非常好	−0.5	
	有	0		权重系数迭加			SWF

2. 人行道路照明要求

CIE 把人行道路划分为 7 级照明等级（表 1-16），以 P1～P7 级区分。P1 级适合重要的人行道路，需要高的照明水平，产生有吸引力的环境。余下的 6 个等级根据行人使用情况以及显现环境特征的需要而分级。P5、P6 和 P7 只在没有犯罪风险的道路使用。犯罪风险高的道路应考虑选择比没有犯罪风险时所选择的等级高一级的照明，如果犯罪风险很高时，应采用高二级的照明（如用 P4 或 P3 代替 P5）。这些推荐值也适用于骑自行车者和其他非机动交通使用的道路。表 1-17 给出了相关的照明要求，P1～P6 级适用于所使用的整个道路表面，如果有步道也要将其包含进来。对于P7级，最重要的是从下一个邻近的灯具位置处，最好在远处，可以看到灯具的明亮部分，以便能提供有效的视觉诱导。

人行区不同类型道路的照明等级　　　　　　　　表 1-16

道路简述	照明等级
重要的人行道路	P1
夜间有大量行人或骑自行车人使用的道路	P2
夜间有中等数量的骑自行车人或行人使用的道路	P3
夜间有少量的只与邻近住宅有关的骑自行车人或行人使用的道路	P4
夜间有少量的只与邻近住宅有关的骑自行车人或行人使用的道路 重视环境建筑特征的道路	P5
夜间有很少的只与邻近住宅有关的骑自行车人或行人使用的道路 重视环境建筑特征的道路	P6
仅需用灯具发出的直射光提供视觉诱导的道路	P7

人行道路的照明要求　　　　　　　　表 1-17

照明等级	在整个使用路面上的水平照度维持值（lx）		半柱面照度（lx）
	平均	最小	最小
P1	20	7.5	5
P2	10	3	2
P3	7.5	1.5	1.5
P4	5	1	1
P5	3	0.6	0.75
P6	1.5	0.2	0.5
P7	不适用		

3. CIE 技术报告第 92 号出版物《城区照明指南》

《城区照明指南》是指在 CIE 原有道路及室外照明出版物中未涉及的道路和公共场所的照明推荐标准。该指南的内容主要包括：居住区道路及公共场所、工业区道路、中心商务区及大型购物区、人行道及有关道路设施、自行车道等的照明要求和方法。

对于照明标准，该指南在采用传统的照度指标的同时，在与行人有关的区域引入了新的半柱面照度的概念，对识别人和障碍物更加合适。同时，在标准中给出了半柱面照度推荐值。可用半柱面照度配合水平照度使用，作为水平照度标准的一种补充，以获得满意的面部辨认效果。此外，在采用较低的灯具安装高度的部分居住区和人行区域，介绍一种新的不舒适眩光评价方法。

随着人们生活条件越来越高，部分城区对照明的美学要求也越来越高，指南所推荐的标准值可看作是保障人身财产安全所需的最低值。下面主要介绍《城区照明指南》中有关的道路照明内容：

（1）集散道路照明

集散道路可定义为居住区主要道路，它将所有小区道路连接到主干道，在 CIE 第 12.2 出版物上属 E 级道路（照明要求见表 1-18）。

（2）区域道路、机动车及行人道路照明

在区域道路，行人是这类道路夜间的频繁使用者，所以可见度标准就不能仅仅是道路路面的照度。如果建筑物立面及街道其他设施的背景照度比较高，眩光控制的限度要求就不必太严格，相关要求见表1-19。

集散道路照明要求（维持值）　　　　表1-18

道路简述 ＼ 推荐值	平均水平照度 $E_{h,av}$ (lx)	最小水平照度 $E_{h,min}$ (lx)	最小半柱面照度 $E_{sc,min}$ (lx)
横跨整条街道（包括人行便道）	5	2	1

注：表中水平照度值适用于道路水平路面，而半柱面照度适用在平行于道路走向的两个纵向方向上高出地面1.5m处。

区域道路照明要求（维持值）　　　　表1-19

行人密度 ＼ 推荐值	$E_{h,av}$ (lx)	$E_{h,min}$ (lx)	$E_{sc,min}$ (lx)	灯具安装高度 (m)	眩光值（最大）$L \cdot A_{(max)}^{0.25}$
中密度行人	3	1.0	0.8	<4.5	6000
高密度行人	4	1.5	1	≥4.5~6	8000
				>6	10000

注：水平照度值适用于街道水平路面，半柱面照度值适用在平行于道路走向的两个纵方向。

机动车及行人道路将限制机动车车速，因此，机动车驾驶员辨认障碍物的时间增多。这类道路的照明设计标准（表1-20）使道路使用者（机动车驾驶员、自行车骑车人、行人）能在夜间环境中辨别方向，发现前方道路上的障碍物，察觉其他人的行为及动机，看清路标及路边门牌号码、公共汽车站牌、垃圾桶、消火栓、路缘石等。

行人道路照明要求（维持值）　　　　表1-20

行人密度 ＼ 推荐值	$E_{h,av}$ (lx)	$E_{h,min}$ (lx)	$E_{sc,min}$ (lx)	灯具安装高度 (m)	眩光值（最大）$L \cdot A_{(max)}^{0.25}$
城市与城镇中心					
机动车及行人混用	25	10	10	<4.5	6000
全是行人	15	5	5	≥4.5~6	8000
				>6	10000
郊区商业街					
机动车及行人混用	20	8	8	<4.5	6000
全是行人	10	3	4	≥4.5~6	8000
				>6	10000
村镇中心					
机动车及行人混用	10	4	4	<4.5	6000
全是行人	8	2	3	≥4.5~6	8000
				>6	10000

注：水平照度值适用于街道水平路面，半柱面照度值适用于主人流方向的两个纵方向。无论何时，为安全起见，照度值都不应低于3lx。

（3）专用居住区照明

目前居住区设计有较新的进展，新建筑或现有的居住区变成带出入通道限制的综合小区。这种小区常常拥有高密度的居住实体，住在这里的人可分享社区及居住单元周围的舒适环境。小区内机动车道路很窄，行驶被严格限制，或只是允许行人在区内通行。专用居住区照明应在夜间满足以下要求：

1）为居民的聚会及访友提供一个友好的氛围。

2）使机动车及自行车在综合区内安全低速地进入停车区，这就要求所有障碍物能清晰可见。

3）方便孩子们玩耍。

4）消除暗区，抑制综合区内的犯罪活动。

5）限制不受欢迎的溢散光从窗户射入居室。

专用居住区照明要求见表1-21。

专用居住区照明要求（维持值）　　　　表 1-21

行人密度 ＼ 推荐值	$E_{h,av}$ (lx)	$E_{h,min}$ (lx)	$E_{sc,min}$ (lx)	灯具安装高度 (m)	眩光值 （最大）$L \cdot A^{0.25}_{(max)}$
高密度使用区	8	4	3	<4.5	6000
中密度使用区	5	2	2	4.5~6	8000
低密度使用区	3	1	1	>6	10000

注：水平照度值 E_h 适用于街道水平路面。半柱面照度值 E_{sc} 适用于平行于主人流方向的两个纵方向。

（4）人行步道和小道的照明

在许多新城区，特别在从停车场去购物及娱乐区的行人步道，以及连接住宅综合区及公共集散区的小路和穿过公园的小路，这些区域照明的主要要求是：

1）使行人看清他或她正在行走的小路路面上的障碍物或不规则物体。

2）使行人在足够时间内辨认清楚此区域内其他使用者的动机（友好或敌意），并在需要时采取必要的防范措施。

3）提供一个有吸引力的区域，该区域将引导人们且允许他们舒适而安全地享用所提供的设施。

4）表 1-22 中半柱面照度值适用于小路平行于人行道的两个纵方向。从治安考虑，半柱面照度无论什么时候其值不得低于 1.5lx。

人行步道和小路照明见表 1-22。

人行步道和小路照明（维持值）　　　　表 1-22

步道区域 ＼ 推荐值	$E_{h,av}$ (lx)	$E_{h,min}$ (lx)	$E_{sc,min}$ (lx)	灯具安装高度 (m)	眩光值 （最大）$L \cdot A^{0.25}_{(max)}$
住宅区公园	5	2	2	<4.5	6000
市中心	10	4	3	4.5~6	8000
连廊与通道	10	4	10	>6	10000

注：水平照度值 E_h 适用于整条小路，最好每侧外扩 5m。半柱面照度值 E_{sc} 适用于沿着人行步道的两个纵方向。

（5）人行横道的照明

人行横道是交通相互冲突的区域，因此，可使用强烈对比色警示机动车和行人，可由在横道使用与道路部分不同类型的光源达到这种效果。由于需要为通过道路的行人提供最大视觉敏锐度及识别和判断给他们造成威胁的机动车车速的能力，人行横道照明对行人与机动车产生的眩光应最小。因此，需要使用特别遮挡或走向的照明设备。人行横道的照明主要要求如下：

1）确保行人安全穿过道路口。

2）让行人看清路面上的障碍物或不规律性。

3）表 1-23 中平均水平照度不得低于横道每一侧道路照度的 1.5 倍。

人行横道的照明要求见表 1-23。

人行横道的照明要求（维持值）　　　　　　　　　表 1-23

推荐值 人行道区域	$E_{h,av}$（lx）	$E_{h,min}$（lx）	半柱面照度 （最小值）$E_{sc,min}$（lx）
商业及工业区	25	10	10
住宅区	10	4	5

注：表中最小半柱面照度必须用于驶向交叉路口的机动车驾驶员方向上高于路面 0.5～1.6m 的区域。

（6）人行台阶及坡道的照明

对人行台阶及坡道的照明，需注意确保这些高差有变的台阶与坡道被行人所察觉。当这些区域是一个注重装饰性的公共照明区域时，在台阶周围区域可使用色光，但人行台阶和坡道照明应选用显色指数好的光源来照明。人行台阶（竖板、踏板）和坡道照明主要要求如下：

1）应使竖板和踏板的照度值之间有明显的差别，以确保有适当对比，使行人看得清楚。

2）由于台阶也有可能在住宅区的中间，应选用不会有过量的光照入射相邻住宅的灯具。

3）应使用有很强下射配光或方向性的灯具，以使在踏板上达到所需的照明水平。

人行台阶及坡道的照明要求见表 1-24。

人行台阶及坡道的照明要求（维持值）　　　　　　　表 1-24

推荐值 台阶坡道	$E_{h,av}$（lx）	平均垂直照度（平均值） $E_{v,av}$（lx）
人行台阶（竖板）	—	<20
踏板	>40	—
坡道	40	—

（7）自行车道的照明

一个城镇或城市的自行车道的位置会有很大的变化，它们会在主干道边、小路边、沟渠边，或完全与任何其他的交通道路分开，如穿过公园及敞开式绿化地带。每种情况必须分别考察，也要考虑相邻道路的照明为自行车道提供照明是否适合问题。由于可见度的主要要求会转换成确定小道上是否存在物件，所以应推荐道路路面水平照度的概念作为标准。由于自行车的速度一般在 10～20km/h，机动自行车速度可达 40km/h，因此，照明要求不用那么严格。自行车道照明要求见表 1-25。

自行车道路照明要求（维持值） 表 1-25

推荐值 自行车道简述	水平照度 （平均值）$E_{h,av}$（lx）	照度均匀度 U_E（$E_{最小}/E_{平均}$）
直车道	3	0.5
有旁道的车道	5	0.5
和机动交通道路交会口	10	0.5

注：建议交会口的标准适用于在交会口每一侧不少于 100m 的自行车道。在所有这些交会口，当机动车速限制为不超过 50km/h 交会口的每一侧 100m 以内，及车速限制不超过 100km/h 时交会口的每一侧 160m 以内，机动交通道路的照明应至少达到比通常情况高 50% 的标准。当机动交通道路与自行车道处于没有照明地区，应考虑在这些交会口专门设置达到以上标准的照明。对这两类道路还应提供从亮到暗区域的过渡照明，每 10m 道路亮度下降不得超过 1/2，直至达到 0.1cd/m² 的亮度水平。

（8）行人及自行车天桥的照明

对于和机动交通共同使用的天桥，照明设施的设计除满足机动交通的需要外，还应满足行人及骑自行车人的需要。当天桥只用于行人行走或自行车通行时，由于没有必要考虑机动车通行的要求，照明设备的选择余地会大得多。但从安全及行人的识别考虑，该区域其他灯光必须提供必要的垂直照度。人行及自行车天桥照明的主要要求：

1）使行人及自行车安全相遇，特别是人与车共用天桥时。

2）让行人和骑自行车人能看见桥面上的障碍物或是否凹凸不平。

3）让行人和骑自行车人辨认出其他行人或骑车人，并能判断他们是友好的或怀敌意的。

人行及自行车天桥的照明要求见表 1-26 所列。

人行及自行车天桥的照明要求（维持值） 表 1-26

推荐值 人行天桥	路面亮度（平均） $L_{(av)}$（cd/m²）	U_O	半柱面照度（最小） $E_{sc,min}$（lx）	眩光值（最大） $L.A^{0.25}_{(max)}$
与集散路共用	2	0.4	2	
	水平照度（平均） $E_{h,av}$（lx）	水平照度（最小） $E_{h,min}$（lx）		
与区域路共用或 与其他交通分开	5	2	1	最大 6000

注：当天桥与一条道路共用时，应向邻近道路 5m 以内的步道提供道路的最小照度的 50% 的照明。水平照度值为整个天桥桥面上的值。半柱面照度值适用于与道路走向平行的两个方向。

（9）行人和自行车地下通道照明

行人和自行车地下通道或隧道是城市交通系统的一个组成部分，因而从潜在的特殊安全和保安的需要考虑，必须配备适当的照明。这里的区域照明的主要要求如下：

1）对地下共用通道，应确保行人及自行车安全相遇。

2）让行人及骑自行车人能看见地面上的任何障碍物及是否凹凸不平。

3）让行人及骑自行车人辨认地下通道的其他人员的行为，及时判断他们友好的或怀敌意的。由于地下通道与隧道是封闭空间，回避坏人攻击比较困难，因此必须特别注意照明要符合治安的需要。

4）地下道的内墙及顶棚的反射比不应低于 0.5，并应维持在这个数值。

行人及自行车地下通道照明要求见表 1-27。

以上是 CIE 技术报告第 92 号出版物《城区照明指南》有关人行道路、居住区道路等照明有关场所部分的推荐标准。这份报告总结了过去城市道路照明的经验和存在的问题，是一个技术水平很高、对道路照明建设和发展具有指导性的文件。

行人及自行车地下通道照明要求（维持值）　　　　　　表 1-27

只用于行人及自行车	水平照度（平均）$E_{h,av}$ (lx)	水平照度（最小）$E_{h,min}$ (lx)	半柱面照度（最小）$E_{sc,min}$ (lx)	眩光值（最大）$L.A_{(max)}^{0.25}$
日间	100	50	25	最大 6000
夜间	40	20	10	

注：当地下通道与居住区的工业及商业区域道路共用时，应参考 CIE 第 88 号出版物所推荐相关场所的照明标准。

CIE 是国际照明界权威学术组织机构，它的各项技术报告实质上已成为国际公认的技术标准文件，因此，我国加入 WTO 后，道路照明的标准、方法、产品和设备的维护管理都要和国际接轨，可以说也是我国实现城市道路照明设计、施工、运行维护规范化、标准化、系统化和艺术化，特别是规范标准化的重要依据。

4. CIE 隧道照明设计的规定

CIE 于 2004 年提出了相关技术文件，阐述了隧道照明设计目的、影响隧道行车安全的照明指标等，提出了在依据交通流量和车道数的条件下，隧道内各个区段（接近段、入口段、加强段、中间段、出口段）照明段长度与指标，包括亮度、均匀度等，以及不同时间段、不同流量情况的调光策略，还有接近段的减光方法、应急照明的技术要求等。

（1）入口照明

入口照明的亮度要根据隧道外的亮度、"车速"入口处的视场和隧道的长度确定。CIE 将隧道入口照明段分为从隧道口开始、阈值段和过渡段，日本的隧道照明标准中将隧道入口照明分为引入段、适应段、过渡段。阈值段是为了消除"黑洞"现象（图 1-28），并让驾驶员能在洞口辨认障碍物所要求的照明段；过渡段是为了避免阈值段照明与内部基本照明之间的强烈变化而设置的照明段，其照明水平逐渐下降。

图 1-28　隧道照明"黑洞"效应

隧道入口照明是根据视野中隧道外天空的亮度、周围景物的亮度、道路的亮度决定的。CIE 规定视野范围是：观察者站在离隧道口一个刹车距离，视野中心位于隧道高度的 1/4 处，同时，CIE 也给该段一个名称：邻近段（这是隧道入口前的一个刹车距离，由于它属于隧道外的一段，故未将它列入隧道分段中）。表 1-28 是邻近段视野内的亮度值，表中给出的是刹车距离。从表 1-28 中可以看出对于车速大的情况，临近段视野内亮度较高，有雪时，视野中的亮度更高。在同样的情况下，临近段视野内亮度比平时高。

邻近段的亮度值（kcd/m²）   表1-28

刹车距离 (m)	20°视野内天空所占百分比							
	35%		25%		10%		0%	
	平常	有雪	平常	有雪	平常	有雪	平常	有雪
100～160			4～5	4～5	2.5～3.5	3～3.5	1.5～3	1.5～4
	5～7	5～7.5	4.5～6	5～6.5	3～4.5	3～5	2～4	2～5

适应段（即阈值段）的适宜亮度，CIE没有规定具体的值，只是以邻近段的亮度为基础间接作了规定。适应段的亮度并不是一个恒定值（在一半的适应段长度时，应开始逐渐减少亮度，直到在适应段结束时降到原来的0.4，见图1-29）。

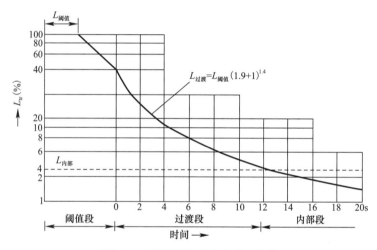

图1-29 隧道照明的亮度递减曲线

以上是CIE对隧道照明入口段的照明规定，总而言之，CIE对各段并没有具体的数据规定，都要根据车速以及环境进行计算而得，同时，阈值段的长度至少等于一个刹车距离，过渡段的长度则可由图1-29中的标示及车速计算而得。

CIE以一个计算公式给出了过渡段的亮度递减，如图1-24所示，图中：$L_{阈值}$表示阈值段开始段的亮度、$L_{过渡}$表示过渡段的亮度、$L_{内部}$表示隧道内部段的亮度。

（2）内部照明

内部照明主要是为了保证车辆的安全行驶，其所需要的亮度是由车辆的速度和路面的反射条件决定的，表1-29是CIE对隧道内部段照明的推荐亮度，它是以刹车距离和交通密度为依据给出的。

CIE对隧道内部段照明的推荐亮度   表1-29

刹车距离（m）	交通密度（辆/h）		
	<100	100<交通密度<1000	>1000
60	1	2	3
100	2	4	6
160	3	10	15

1.6.2 美国道路照明标准

美国的道路类型、交通流量情况、车速、交通秩序等较好，美国采用照度与亮度两套评价体系和指标，其采用了较低的亮度水平及其均匀度指标。眩光采用了类似失能眩光控制方法，采用了可见度水平、小目标可见度等评价体系与指标，重点制定了人行道路与交会区的照明标准。

1. 道路分类（表1-30）

美国道路分类   表1-30

等级	Q_0	描述	路面反射类型
R1	0.10	硅酸盐水泥，混凝土路面；掺和量不小于12%人造反光材料的柏油路面	漫反射型
R2	0.07	掺和不小于60%碎石（尺寸大于1cm）的柏油路面；掺和量在10%～15%人造反光材料的柏油路面（北美不常用）	混合型（兼有漫反射和镜面反射型）
R3	0.07	掺和变暗物质的人工掺合物	轻度镜面反射型
R4	0.08	表面非常光滑的柏油路面	强镜面反射型

2. 照度标准-推荐值（表1-31）

美国道路照明标准（照度标准）   表1-31

道路和行人交汇区域		路面分类 最低维持平均值			均匀度 E_{avg}/E_{min}	光幕亮度比 L_{vmax}/L_{avg}
道路	行人交汇区域	R1 lx/fc	R1&R3 lx/fc	R4 lx/fc		
A类高速公路	—	6.0/0.6	9.0/0.9	8.0/0.8	3.0	3.0
B类高速公路	—	4.0/4.0	6.0/6.0	5.0/5.0	3.0	3.0
快速道	高	10.0/1.0	14.0/1.4	13.0/1.3	3.0	3.0
	中	8.0/0.8	12.0/1.2	10.0/1.0	3.0	3.0
	低	6.0/0.6	9.0/0.9	8.0/0.8	3.0	3.0
主干道	高	12.0/1.2	17.0/1.7	15.0/1.5	3.0	3.0
	中	9.0/0.9	13.0/1.3	11.0/1.1	3.0	3.0
	低	6.0/0.6	9.0/0.9	8.0/0.8	3.0	3.0
集散道路	高	8.0/0.8	12.0/1.2	10.0/1.0	4.0	4.0
	中	6.0/0.6	9.0/0.9	8.0/0.8	4.0	4.0
	低	4.0/0.4	6.0/0.6	5.0/0.5	4.0	4.0
地方道路	高	6.0/0.6	9.0/0.9	8.0/0.8	6.0	6.0
	中	5.0/5.0	7.0/0.7	6.0/0.6	6.0	6.0
	低	3.0/3.0	4.0/0.4	4.0/0.4	6.0	6.0

3. 亮度标准-推荐值（表1-32）

美国道路照明标准（亮度标准）　　　　　　　　表1-32

道路和行人交会区		平均亮度 L_{avg}（cd/m²）	均匀度 L_{avg}/L_{min}（最大允许值）	均匀度 L_{max}/E_{min}（最大允许值）	光幕亮度比 L_{vmax}/L_{avg}（最大允许值）
道路	行人交会区				
A类高速公路	—	0.6	3.5	6.0	0.3
B类高速公路	—	0.4	3.5	6.0	0.3
快速路	高	1.0	3.0	5.0	0.3
	中	0.8	3.0	5.0	0.3
	低	0.6	3.5	6.0	0.3
主干道	高	1.2	3.0	5.0	0.3
	中	0.9	3.0	5.0	0.3
	低	0.6	3.5	6.0	0.3
集散道路	高	0.8	3.0	5.0	0.4
	中	0.6	3.5	6.0	0.4
	低	0.4	4.0	8.0	0.4
地方道路	高	0.6	6.0	10.0	0.4
	中	0.5	6.0	10.0	0.4
	低	0.3	6.0	10.0	0.4

1.6.3 澳大利亚道路照明标准

澳大利亚道路照明设计标准与美国的标准接近，只是其眩光采用了失能眩光阈值增量 TI，且其指标比CIE有更大的余量。

1. 道路分类（表1-33）

澳大利亚道路分类表　　　　　　　　表1-33

分类等级	描述
R1 *	a）沥青类路面，包括含有15％以上的人造发光材料或30％以上的钙长石类的石料； b）路面的80％覆盖有含碎料的饰面材料，碎料主要由人造发光材料或100％由钙长石类的石料所组成； c）混凝土路面
R2 * 和 NZR2	a）路面纹理粗糙； b）沥青路面，含有10％～15％的人工发光材料； c）粗糙、带有砾石的沥青混凝土的路面，砾石的尺寸不小于10mm，且所含砾石大于60％； d）新铺设的沥青砂
R3 *	a）沥青混凝土路面，所含的砾石尺寸大于10mm，纹理粗糙如砂纸； b）纹理已磨亮
R4 * 和 NZR4	a）使用了几个月后的沥青砂路面； b）路面相当光滑

2. 道路照明条件等级分类（表1-34）

澳大利亚道路照明条件等级　　　　　　　　　　　　　　表 1-34

照明等级	L（cd/m^2）最小值	U_O 最小值	U_I 最小值	UWLR（%）最大值	TI（%）最大值	ESL（%）最小值	ESR（%）最小值
V1	1.50/1.65	0.33/0.31	0.5	3	20	50	50
V2	1.0/1.10	0.33/0.31	0.5	3	20	50	50
V3	0.75/0.83	0.33/0.31	0.5	3	20	50	50
V4	0.5/0.55	0.33/0.31	0.5	3	20	50	50
V5	0.35/0.38	0.33/0.31	0.5	3	20	50	50

1.6.4　英国道路照明标准

英国采用了类似于 CIE 的道路照明标准，其在道路干湿状态下的指标做了更为详细的规定。

1. ME 系列道路照明等级（表1-35）

英国道路等级-ME 系列　　　　　　　　　　　　　　表 1-35

等级	干燥路面的道路表面亮度			阈值增量	环境比
	L（cd/m^2）最小维持值	U_O 最小值	U_I 最小值	TI（%）最大值	SR 最小值
ME1	2.0	0.4	0.7	10	0.5
ME2	1.5	0.4	0.7	10	0.5
ME3a	1.0	0.4	0.7	15	0.5
ME3b	1.0	0.4	0.6	15	0.5
ME3c	1.0	0.4	0.6	15	0.5
ME4a	0.75	0.4	0.6	15	0.5
ME4b	0.75	0.5	0.5	15	0.5
ME5	0.5	0.35	0.4	15	0.5
ME6	0.3	0.35	0.5	15	无要求

2. S 系列道路照明等级（表1-36）

英国道路照明等级 S 系列　　　　　　　　　　　　　　表 1-36

等级	照度水平	
	E_{av} lx 最小维持在	E_{min} lx 维持在
S1	15	5
S2	10	3
S3	7.5	1.5
S4	5	1
S5	3	0.6
S6	2	0.6
S7	性能参数还未定义	性能参数还未定义

3. 高速公路和交通要道的照明等级（表 1-37）

英国高速公路和交通要道照明等级表　　　　　表 1-37

道路描述	道路类型一般说明	详细说明	平均日交通量	照明等级
高速道路	道路具有有限的车速和车道控制	长途快速运输车道，车道分速明确 具有复杂交汇区域的主车道 主车道交汇区域<3km 主车道交汇区域≥3km 应急车道	 ≤40000 >40000 ≤40000 >40000 ≤40000 >40000 —	ME1 ME1 ME2 ME1 ME2 ME2 ME4a
战略路线	主干道路和一些具有重要目的地之间的"A"类道路	长途运输车道与小路或行人入口处，车时速通常在 40 英里以上，行人过路处事被隔开或控制的，路边禁止停车 单行车道 双行车道	 ≤15000 >15000 ≤15000 >15000	 ME3a ME2 ME2a ME2
主干道	主要城市道路，包括短刀中等距离的主干道路	主要道路与连接到市中心之间的重要道路，在市区车速限制在 40 英里或以下，高峰期限制停车，并有明显行人安全防护措施和标注。 单行车道 双行车道	 ≤15000 >15000 ≤15000 >15000	 ME3a ME2 ME2a ME2
次干道	道路等级 B 类与 C 类和未分类城市公交道路，具有承载本地流量与较多出入口	郊区 连通较大村庄和重要公共设施（发电站）之间的道路 市区 车速限制在 30 英里或以下，人活动非常大的道路，包括人行道。 考虑安全因素以外路边停车位一般不是限制的	≤7000 >7000，≤15000 >15000 ≤7000 >7000，≤15000 >15000	ME4a ME3b ME4a ME3c ME3b ME2
支路	连接主干道和二级道路之间的道路，带有较多的出入口	郊区 连接小村庄之间的道路，道路宽度有些地方不能支持双向通行 市区 住宅或工业区连接道路，时速限制在 30 英里或以下，行人出入频繁，路上具有不要受限制停车位	Any Any 具有较高的行人和骑自行车交通	ME5 ME4b or S2，S1

1.6.5 日本道路照明标准

日本采用了类似于 CIE 的道路照明标准，其关于眩光的控制采用了不舒适眩光控制指标，机动车道路照明标准主要内容见表 1-38。

日本机动车道路照明标准 表 1-38

道路类	交通类型和车流量	路面平均亮度 Lr(2)（cd/m²）	总均匀度 U_O	纵向均匀度 U_L	眩光控制标志 G（3）
上下行线路是分开的，交叉部分是立体交错开的，出入道口完全被限制	车速快就车流量大，在夜间主要承载高速疏通	2	0.4	0.7	6
具有专用车道的重要道路，在很多情况下具有低速车道和人行道		2	0.4	0.7	5
城市重要区域和当地重要区域的交通道路	车速中等，混合交通较多，在夜间主要承载中速交通疏通	2	0.4	0.5	5
市区、购物中心和连接市政府的道路。车速较低、车流量大、人活动频繁的交通道路	车速低的混合交通，流量较多的低速混合交通和人活动	2	0.4	0.5	4
连接上述道路与住宅区（小区道路）的道路	车速低，夜间车流量中等的混合交通	1	0.4	0.5	4

1.6.6 日本对隧道照明设计的规定

（1）入口照明

表 1-39 是日本的隧道照明标准中入口照明中各段的照明标准，日本的隧道照明标准也是以隧道外的亮度为前提的。

日本的隧道照明标准中入口照明中各段的照明标准 表 1-39

行车速度（km/h）	隧道全长（m）	引入段 亮度（cd/m²）	引入段 长度（m）	适应段 亮度（cd/m²）	适应段 长度（m）	过渡段 亮度（cd/m²）	过渡段 长度（m）	入口段全长（m）
60	≤75	108	30	103	10	—	0	40
	100	97		76	30	—	0	60
	125	88		57	55	—	0	85
	150	78		45	75	—	0	105
	175	70		35	75	12.5	15	120
	≥200	63		30	75	2.5	40	145
40	≤75	97	20	80	20	—	0	40
	100	78		51	40	18.5	0	60
	125	64		38	45	4.5	10	75
	150	52		31	45	4.5	20	85
	175	42		30	45	1.5	25	90
	≥200	24		20	45	1.5	25	90

入口段的照明水平是和隧道口的亮度有直接关系的，表 1-39 的数据是在隧道口亮度为 4000cd/m² 的条件下给出的，如果隧道口的亮度更高或更低，则表 1-39 中的数据应按比例增大或缩小。表 1-40 是通过对隧道口附近的地势和自然条件进行分析分类，以确定

隧道口外的亮度标准，现在为了降低隧道口外的亮度，一般在隧道口附近植树，在城市中则是利用遮蔽一部分天然光来达到降低隧道口的亮度，从而减少隧道内人工照明的水平，节约能源。

由于阴天、雨天或黄昏时分，隧道口外的亮度比平时要小很多，因此要有适当的措施来减小入口段照明的水平，以减少不必要的能源浪费。日本的照明标准，入口段的照明水平是逐渐下降的，一般各段的照明不可能是均匀下降的，这很难做到，不过可以使用阶跃式下降的方式，只要相邻阶跃的亮度比不超过 3∶1 就可以，因为这时还没影响到人的视觉。

野外亮度的分类　　表 1-40

类别	野外亮度（cd/m²）	条件
A	6000	入口附近的天空等高亮度部分占视野 50% 以上
B	4000	(1) 入口附近的天空等高亮度部分占视野 25% 以上； (2) 入口与城市街道相连
C	3000	(1) 视野内没有高亮度的天空； (2) 入口处有山地森林环绕； (3) 入口处位于市区道路，附近有高层建筑

（2）内部照明

内部照明主要是为了保证车辆的安全行驶，其所需要的亮度是由车辆的速度和路面的反射条件决定的，表 1-41 是日本隧道照明标准对内部段照明的标准。

日本隧道照明标准对内部段照明的标准　　表 1-41

车速（km/h）	平均亮度（cd/m²）	换算成平均照度（lx） 混凝土路面	沥青路面
100	9.0	120	200
80	4.5	60	100
60	2.3	30	50
40	1.5	20	35

注：平均亮度的换算系数，混凝土路面为 13，沥青路面为 22。

（3）出口照明

白天，出隧道之前需要一段过渡段，以防止出隧道时，由于高亮度刺激而降低人们的视觉。一般过渡段的照度应为隧道口外部照度的 1/10，过渡段的长度不大于 80m，不过也有的人比较崇尚对称美，因此将入口照明映射成出口照明也未尝不可。对于双向隧道，由于其出口也是入口，就必须当成入口照明处理。

（4）夜间照明

以上内容是关于隧道的白天照明，对于夜晚照明而言，入口照明减少，而出口段，则由于隧道外的照明比隧道的内部段照明更低，在夜晚会出现"黑洞"现象（图 1-30）。因此，一般应设置过渡段，逐渐减低照明水平直至达到外部道路的夜间照明水平，表 1-42 是日本隧道照明标准的夜间出口过渡照明数据，可作为参考。

41

图 1-30　隧道照明 "黑洞" 效应

日本隧道照明标准的夜间出口过渡照明　　　　表 1-42

隧道内部段的亮度（cd·m⁻²）	车速（km·h⁻¹）	过渡照明Ⅰ区的亮度（cd·m⁻²）	过渡照明Ⅱ区的亮度（cd·m⁻²）	过渡照明Ⅰ区的长度（m）	过渡照明Ⅱ区的长度（m）
≥4.0	≥100	2.0	1.5	180	180
2.0~4.0	80	1.0	0.5	130	130
≤2.0	60	0.5	—	95	95
—	40	—	—	60	—

（5）应急照明

隧道照明设计中还应包括应急照明。应急照明应使用独立于主照明的电源供电，在停电后自动接入，启动应急照明。应急照明的照度一般应与正常照明保持一定的比例关系，如果是长时间停电，还应提供入口处的信号照明，以警告驾驶员放慢车速，减少事故发生的可能性，同时还应设置诱导照明，在隧道内壁上等间隔布灯，指明隧道内壁位置和隧道的走向。

第 2 章　城市道路照明设计计算

2.1　影响道路照明的基本光度参数

人们通过眼睛观察周围环境，在头脑中反映出它们的大小、形状和颜色等特征，使人们能区别外界存在的不同事物。但眼睛的这种功能必须在一定的光线照射下才能发挥。

道路与车辆要保证驾驶员能安全、迅速、舒适地运行，要求具备良好的视觉条件。尤其是夜间，视觉质量与安全更是密切相关。而道路照明设施的主要作用就是在夜晚为驾驶员提供良好的视觉条件（图 2-1）。

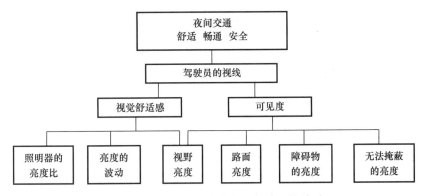

图 2-1　夜间道路视觉条件与驾驶员的关系

2.1.1　驾驶员视觉工作的特点

车辆驾驶员的作业是复杂的，但其中有三部分内容同道路照明密切相关。

（1）驾驶员必须沿着一条预定的路线长时间地行驶车辆，这就需要驾驶员了解有关前面道路的走向和交叉口的情况。

（2）驾驶员必须在超车或躲避路上障碍物（行人）等时，作出正确判断，这就需要驾驶员了解前方环境和物体的位置及运动情况。

（3）驾驶员既要随时保持自己在车流中的位置，又要注意周围车辆的干扰而作出判断，这就需要驾驶员了解自己周围环境的变化情况。

人的眼睛所能看见的范围是比较广的，视角上为 $50°$，下为 $75°$，视角的左右各为 $100°$。但是，对目标的形状、色彩、亮度差等能够清楚识别，是在视线中心 $1°\sim 2°$（中心视野），如图 2-2 所示。驾驶员的眼睛不停地注视视野内的物体，而且发现视野内的障碍物的时间不少于 $0.1\sim 0.2\mathrm{s}$。因此，在道路照明中，如何识辨物体的可见度，会直接影响到对目标准确及时地识别。

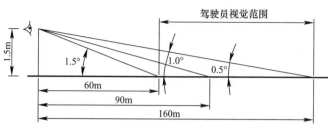

图 2-2　驾驶员视觉作业的注视范围

由于在视网膜上所产生的视觉，取决于视场内的亮度分布。因此，道路照明质量的主要参数，就应以亮度作为依据。为了保证路面上识辨物体的亮度要求，国际照明委员会（CIE）建议，驾驶员观察路面的平均视点高度为 1.5m，大体相当于一般人眼高度，向前注视的视角约为 1°，注视的范围约为正前方 60～160m。在这范围内的路面亮度及其分布，对驾驶员视觉直接起作用，如图 2-2 所示。

因此，整个道路环境，不论是近处还是远处（尤其是距驾驶员前方 60～160m 一段路面上），都要有良好的视看条件，以保证驾驶员辨认时的可靠性和视觉的舒适感，从而能及时作出判断，顺利执行下一步操作。直接影响驾驶员视看条件的基本因素是：

（1）路面上或道路附近的物体亮度；

（2）道路背景的普遍亮度；

（3）辨认物体和细部的尺寸；

（4）物体与背景之间的亮度对比；

（5）车道路面与观察到的环境之间的亮度对比；

（6）观察物体的有效时间；

（7）眩光程度等。

行人的作业并不复杂，当然错误也能引起严重后果。为了顺利横穿道路，行人必须容易发现车辆，并判断出车辆行驶的距离。但与驾驶员驾驶车辆相比较，行人的视觉作业更简单。

为了保证照明质量，满足辨认的可靠性和视觉舒适感的条件和要求，道路照明应控制三个主要指标：路面平均亮度（L_{av}）、亮度均匀度（U_O、U_L）和眩光的大小。

2.1.2　路面平均亮度

观看任何物体都有其背景。在道路照明中，驾驶员观察障碍物的背景主要是路面。因此，物体本身的表面和它的背景之间至少需要有一定的最小亮度差，则物体才能被觉察到。这种亮度差别常用亮度对比值 C 来表示，见式（2-1）：

$$C = \frac{|B_t - B_b|}{B_b} \tag{2-1}$$

式中　B_t 和 B_b——物体亮度和背景亮度。

觉察物体所需的对比值，取决于视角及观察者视场中的亮度分布，当观察者距离不变，若障碍物越大，背景亮度越高，则眼睛的对比灵敏度越好，如我们在日常生活中看书时，书上的字是观看对象，而白纸就是背景。只有当二者在亮度或颜色上存在区别，我们才能把字从纸上分辨出来。字和纸的亮度差别越大（如白纸上的黑字）就看得越清楚。相反，黑纸上印黑字，由于二者亮度差别小，分辨起来就很困难。在道路照明中，背景亮度越高意味着平均路面亮度越高，随着路面平均亮度的增加，而加大了在路面上可能出现的障碍物的亮度对比。这将有利于提高驾驶员辨认的可靠性。因此，对辨认来说，一个重要的指标就是路面平均亮度（L_{av}）。

夜间，车辆在行进时驾驶员观看到前方道路上一个大的障碍物，往往只需要很短时间就能看清，而观看一个微小的物体，就需长一些时间的观察才能看清。当障碍物尺寸不变，路面平均亮度越高，看清前方障碍物所需的时间越短，也即有助于提高驾驶员辨认速度，确保行车安全。图 2-3 所示为在大亮度对比时，背景亮度和识别时间的关系。图中纵坐标为识别时间以秒（s）为单位，横坐标为背景亮度（L_b），单位为 cd/m^2，路面亮度越高（即背景亮度愈大），驾驶员识别障碍物的时间越短。因此，为了提高驾驶员的辨认速度，道路照明必须要有一个良好的视觉条件（即路面平均亮度）。

平均亮度不仅影响物体与背景之间的对比度，而且会影响人的视觉对比灵敏度，为了研究平均亮度对视觉功能的影响，提出了显示能力（RP）的概念。显示能力（RP）是指能够看到路面上设定的障碍物的概率。图 2-4 是平均亮度与显示能力（RP）之间的关系，此图的条件是道路的路面亮度总均匀度 0.4、阈值增量为 7%。从图中可以看出，当路面的平均亮度为 0.6cd/m^2 时，显示能力（RP）只有 10%；当路面的平均亮度为 2cd/m^2 时，显示能力（RP）可高达 80%。

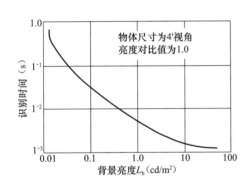

图 2-3　背景亮度与识别时间的关系

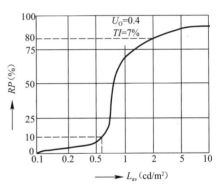

图 2-4　平均亮度 L_{av} 与显示能力（RP）之间的关系

2.1.3　路面亮度均匀度

为了使驾驶员夜间行车得到良好的可见度及舒适条件，还要求路面亮度有一定的均匀度。

对于干燥路面给出的路面亮度均匀度可分为总均匀度（U_O）和纵向均匀度（U_L），见表 2-1。

路面亮度均匀度 　　　　　　　　　　　　　　　表 2-1

名称	公式	说明
总均匀度	$U_O = \dfrac{L_{min}}{L_{av}}$	两个数值都是从距车道边缘 1/4 宽度（左或右）一点测出的路面上的最低亮度和平均亮度。总均匀度一般不应低于 0.4
纵向均匀度	$U_L = \dfrac{L'_{min}}{L_{max}}$	即从车道中心线上一点测出的，沿中线上最小与最大的亮度比，一般根据道路等级不同，不应低于 0.7 或 0.5

注：L_{min}—路面最小亮度，L_{av}—路面平均亮度，L'_{min}—车道中心线最小亮度，L_{max}—车道中心线上最大亮度。

1. 路面亮度总均匀度（U_O）

城市道路照明装置提供了良好的平均亮度，在路面上也会有亮度最小的区域。在一般情况下，最差的对比往往出现在路面较暗的区域，人们不易识别出在这些区域里的障碍物。因此，为了使路面上各个区域里的各点都有足够的识辨效果，需要确定路面最小亮度和平均亮度之间的比值，这对辨认可靠性来讲同样是非常重要的。

2. 路面亮度纵向均匀度（U_L）

当驾驶员在路面上驾车行驶时，在行进前方的路面上，相继出现频繁的明暗区域时，增加了驾驶员眼睛的视觉疲劳。因此，为提供舒适的视看条件，要求沿车道轴向中心线有一定纵向均匀度（U_L），以便对最小亮度（$L_{\min}$）和最大亮度（$L_{\max}$）比值加以控制，保证视觉的舒适感。

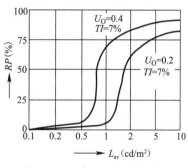

图 2-5　U_O 与 RP 之间的关系

在道路照明中不同的 U_O 对显示能力（RP）也有很大的影响，图 2-5 是 U_O 与 RP 的关系。图中的实验道路阈值增量 TI 为 7%。可以看出，即使在相同的路面平均亮度情况下，道路的路面亮度总均匀度越大，RP 越大。如平均亮度同样为 2cd/m²，路面亮度总均匀度为 0.2 时，RP 只有 55%；而当路面亮度总均匀度增大到 0.4 时，RP 也上升到 80%。因此，在道路照明中不仅要满足一定的路面平均亮度，还需要满足一定的均匀度。

2.1.4　眩光的限制

在道路照明中，眩光是另一个重要的评价指标。眩光可分为两类：直接影响识别可靠性的眩光，也称失能眩光，根据识别率来判断并与舒适感相关联的不舒适眩光。

目前有关不舒适眩光的资料比较少。而失能眩光只考虑了人们的视觉功能，没有考虑人们视觉疲劳的舒适因素。因此，在长时间开车时，为了不使驾驶员感到紧张，不应当认为在视觉舒适的条件下行驶是出于一种过分要求而被忽略。由于目前这两种眩光评价方法都有局限性，并且不清楚两种眩光之间的内在联系，因此，在眩光限制的推荐标准中，给出了两种眩光限制标准，而分别加以考虑。

1. 失能眩光

眩光作用会导致人们识别能力下降，这是由于光在眼睛里发生散射过程造成的。在没有眩光时，位于直接视场里的清晰现象会聚焦在人们眼睛的视网膜上，引起的视感觉与景物的亮度成正比。当来自眩光光源的光，位于直接视场内或靠近直接视场时，如图 2-6 所示，会在人们眼睛里部分散射。在视网膜方向上的散射会起到光幕作用叠加在清晰的图像上。这层光幕可以看作有一等效亮度，其与视网膜方向散射程度成正比。

为了确定总的视感，这种亮度必须加在景物所有其他亮度上，等效光幕亮度（L_v）可按式（2-2）计算：

$$L_v = K \left\{ \frac{E_{\text{眼}1}}{\theta_1^2} + \frac{E_{\text{眼}2}}{\theta_2^2} + \cdots\cdots \right\} = K \sum_{i=1}^{n} \frac{E_{\text{眼}i}}{\theta_i^2} \tag{2-2}$$

式中　$E_{\text{眼}i}$——第 i 个眩光源，在眼睛产生的与视线垂直的平面上的照度；

θ_i——视看方向和第 i 个眩光源入射到眼睛里的光线之间的角度；

K——年龄因素（平均值＝10）。

把这种光幕亮度加在背景亮度和物体亮度两者上，有效的背景亮度和对比本身发生变化。

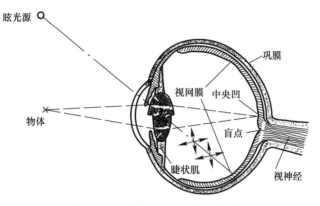

图 2-6　人眼由于眩光引起光散射

当有效的背景亮度增加（即对比灵敏度增加），见式（2-3）：

$$L_{\text{beFF}} = L_b + L_v \qquad (2\text{-}3)$$

式中　L_{beFF}——有效背景亮度；

L_b——背景亮度；

L_v——等效光幕亮度。

当对比减少，见式（2-4）：

$$C_{有效} = \frac{|(L_b + L_v) - (L_o + L_v)|}{L_b + L_v} = \frac{|L_b - L_o|}{L_b + L_v} \qquad (2\text{-}4)$$

式中　$C_{有效}$——有效对比；

L_o——物体亮度。

一方面由于背景亮度增加，而引起对比灵敏度的增加，而另一方面对比又减少了。但是，对比灵敏度收益的正效应不足以补偿对比减少的损失。这意味着在没有眩光时，一个刚刚能看见的物体，在有眩光的作用下，就看不清了。但通过增加亮度对比又能重新看到物体，这种刚刚能够被重新看到物体，所需要的对比增加量与原来的对比有关，是表达由于失能眩光导致识别能力降低的一种度量。这种量，CIE 规定取 $8'$ 的视角观看一个物体所需的相对阈值对比增量而获得。并将这个量命名为阈值增量（TI）。因此，为限制眩光对辨认能力的干扰效果，对 TI 必须做出限制。

TI 可由光幕亮度的数值和平均路面亮度值结合对比灵敏度确定。当背景亮度范围为 0.05 和 5cd/m² 之间的 TI 可用式（2-5）计算：

$$TI = \frac{65 L_v}{L_{av}^{0.8}} (\%) \qquad (2\text{-}5)$$

式中　L_{av}——路面平均亮度；

L_v——等效光幕亮度。

图 2-7 是相对阈值增量（TI）与平均亮度 L_{av} 及显示能力（RP）之间的关系。在保持道路的总体均匀度为 0.4 不变的条件下，改变眩光，在不同平均亮度下观察显示能力

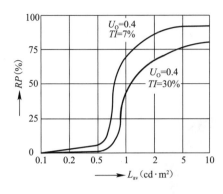

图 2-7　相对阈值增量（TI）与平均亮度 L_{av} 及显示能力（RP）之间的关系

（RP）的变化。从该图中可以看出，当平均亮度为 $2cd \cdot m^2$ 时，阈值增量（TI）为 30% 时，眩光较大，显示能力（RP）为 65%；当阈值增量（TI）为 7% 时，显示能力（RP）可达 80%。因此，相对阈值增量在道路照明质量衡量中是一个很重要的指标。

2. 不舒适眩光

眩光对驾驶员的视觉舒适感，同样有很大的影响。但目前尚没有测量不舒适眩光程度的仪器，只能通过调查实验和采用公式计算的方法，得出不舒适眩光的限制标准。

实验研究证明，驾驶员感受到的不舒适眩光，可用眩光控制等级（G）来度量，亮度取决于各种照明器和其他道路照明装置的特性。眩光控制等级可按式（2-6）计算：

$$G = 13.84 - 3.31\lg(I_{80}) + 1.3(\lg(I_{80}/I_{88}))^{1/2}$$
$$- 0.08\lg(I_{80}/I_{88}) + 1.29\lg(F) + C \qquad (2\text{-}6)$$
$$+ 0.97\lg(L_{av}) + 4.41\lg(h') - 1.46\lg(P)$$

式中　I_{80}、I_{88}——照明器在路轴平行的平面内，与垂直轴形成 $80°$、$88°$ 方向上的光强值；

　　　　F——照明器在同路轴平行的平面内，驾驶员所见到投影在 $76°$ 方向上的发光面积；

　　　　C——光源颜色修正系数，用于低压钠灯时应加 0.4；

　　　　L_{av}——平均路面亮度；

　　　　h'——水平视线距灯的高度，即驾驶员的眼睛高度到照明器的高度；

　　　　P——每公里安装照明器的数目。

上述公式，只是对下述各参数范围作过调研。如：

$50 \leqslant I_{80} \leqslant 7000$（cd）；　　$1 \leqslant I_{80}/I_{88} \leqslant 50$；

$0.007 \leqslant F \leqslant 0.4$（$m^2$）；　　$0.3 \leqslant L_{av} \leqslant 7$（$cd/m^2$）；

$5 \leqslant h' \leqslant 20$（m）；　　$20 \leqslant P \leqslant 100$。

各种不舒适眩光评价等级如表 2-2 所示。

不舒适眩光评价等级表　　　　　　　　　　　　　　　　　表 2-2

眩光评价等级	不舒适感觉程度
$G=1$	不可忍受
$G=3$	感到烦恼
$G=5$	刚刚可以接受
$G=7$	感到满意
$G=9$	注意不到眩光

此外，眩光效应的大小还与照明器距视野中心线横向尺寸有关。横向尺寸越大，眩光效应就会相应减少，如图 2-8 所示。因此，在街道比较宽，又有适当树荫作背景（使其背景亮度提高），再加上采取提高安装高度等措施，将有利于减弱眩光程度。

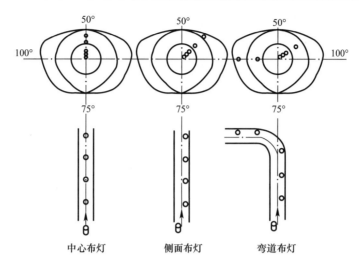

图 2-8 照明器在视野内的位置

综上所述，影响道路照明的基本参数和因素可以归纳为：

1. 影响辨认可靠性的基本参数

(1) 路面平均亮度（L_{av}）。

(2) 路面亮度总均匀度（U_O）。

(3) 阈值增量（TI），即失能眩光。

2. 影响视觉舒适感的基本参数

(1) 纵向均匀度（U_L）。

(2) 眩光感觉程度（G），即不舒适眩光。

(3) 路面宽度（W）。

2.1.5 诱导性

从识别的可靠性和视觉舒适感来看，诱导性也是不能忽略的，但诱导性不可能给出定量参数。诱导性有视觉诱导和光学诱导两个方面。如图 2-9 所示是弯曲道路的诱导示意图。

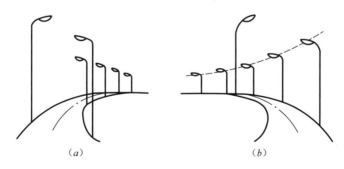

图 2-9 灯杆在弯道外侧比内侧有更好的诱导性
(a) 灯杆布置在弯道内侧；(b) 灯杆布置在弯道外侧

1. 诱导性的分类和意义

视觉诱导：是道路视觉诱导设施。如路面中心线、路缘或两侧路面标志等，必须对驾驶员自身所在的位置和道路的前方走向都有明确的表示。

光学诱导：是道路照明设施。光色的变换、照明器设置的位置（如整齐排列一行）对光学诱导极为重要。通常，人们看见灯在何处，就意味着道路走向何处，因此，照明器布置不合理将会令人弄错道路的走向，导致危险事故的发生。

2. 诱导性的作用和规则

（1）视觉诱导性

1）视觉诱导：必须对驾驶员自身所在的位置和道路的前方走向有明确的表示。

2）道路诱导设施（如中心线或两侧路面标志与周围环境的区分）也受照明系统影响。道路轴向投光量受限制（例如采用低角度 I_{80}、I_{88} 的灯具），其主要光束同行车方向交叉的照明系统有利于看清道路诱导设施。

3）在恶劣天气条件下，路面标志的可见度同其本身的反射性质和路面的反射性质差异有关。

建议采用浅色而质地粗糙的材料，做成路面标志，以便在恶劣天气条件下仍能保持漫反射性，特别是在光滑路面上，可在雨天保持足够的对比度。

（2）光学诱导性

对照明设施的光学诱导，只能提出某些一般规则：

1）灯杆布置应能标示道路走向、弯道和交叉等。与其他视觉诱导设施相配合，应能在足够远的距离使人毫不含混地注意到有危险的特殊地点。

2）照明器在排列、光色、光强以及位置设置方面出现的任何变化，都会使人联想到道路走向的变化或特殊地点的接近。如与较高优先级别道路的交叉，应从很远就能看到。但如果与较低优先级道路的交叉也被同样照明处理，容易使驾驶员含混不清，会增加出事的危险。

3）处于同一区段内，在选择照明系列及光源颜色时，应注意保持一致性，这也对光学诱导有帮助。

4）应避免由于光点太多而引起混乱结果和不能突出道路走向或特殊地点的布置方式。高杆照明可以克服这个问题（如在多层交叉区域），但采用高杆照明将失去灯杆排列成行带来的光学诱导性作用。在这种情况下，只能用其他办法（采用容易识别的路面标志）来保证道路的诱导作用。

3. 诱导性的处理方式

在设计道路照明装置时，应该注意提供适宜的光学诱导性，更要防止失去诱导性，下列几点处理方式尤其重要：

（1）在分开设置的行车线中间有隔离带的开放性车道，可将灯杆设在隔离带上，以获得良好的光学诱导性。

（2）在道路转弯处，为获得走向的清晰标志，应在弯道外沿设置灯杆。

（3）不同的街道安装不同类型的光源，不同的光色会有效地起到路线光学诱导的效果。

（4）在交叉口，采用不同类型的光源如主干道用高压钠灯，出口道路用金属卤化物灯，可以获得良好的诱导性。

（5）采用悬索吊式照明器装置，可以得到很好的光学诱导性。

2.2 照度计算

城市道路照明的计算通常包括路面任意点的照度、平均照度、照度均匀度，包括任意点的亮度、路面平均亮度、亮度均匀度、不舒适眩光和失能眩光的计算等。

计算工作通常可根据灯具光度测试报告中预先提供的每种照明灯具系统的光度数据，如利用系数曲线图、等照度曲线图、等光强曲线图、亮度输出曲线图、（相对）等亮度图等，利用照明灯具的安装情况（灯高、间距、臂长、仰角及排列方式）和道路的几何条件（路宽、直道还是弯道、路面材料的反光特性等）进行。

2.2.1 路面上任意一点照度的计算

1. 根据正弦等光强图或光强表进行照度计算

一个灯具在 P 点上产生的照度见式（2-7）：

$$E_p = \frac{I_{C\gamma}}{h^2} \cdot \cos^3 \gamma \qquad (2-7)$$

式中　$I_{C\gamma}$——灯具指向 C、γ 方向的光强（图 2-10）；

　　　　γ——灯具投光方向与铅垂线的夹角，简称垂直投射角；

　　　　C——灯具投光方向与道路纵轴的水平夹角，简称水平投射角；

　　　　h——灯具安装高度。

n 个灯具在 P 点上产生的总照度 E_p 见式（2-8）：

$$E_p = \sum_{i=1}^{n} E_{pi} \qquad (2-8)$$

计算时，须根据 P 点的位置（图 2-10）确定 C 和 γ，并从该种灯具的等光强图或光强表中找出每个灯具单独照射在 P 点的光强值，然后代入式（2-7）计算。分别求出每个灯具对 P 点的照度值后，根据式（2-8）求和，便可求得 P 点的照度。

路面上不同点的照度求出后，可以将它们标在道路平面图上，把照度值相同的各点（通常用内插法求得）用光滑曲线连接起来，得到实际路面的等照度曲线图。

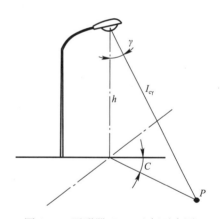

图 2-10　照明器 C、γ 坐标示意图

计算某点的照度需要考虑和计算几个灯具叠加所产生的照度，一般来说，计算两灯杆间的照度，要考虑前、后相邻灯杆的照明器，所以单排灯杆要考虑 4 根灯杆的灯具。

2. 根据等照度曲线图进行照度计算

灯具的光度测试报告中通常还给出该种灯具的等照度曲线图，我们可以在该图上标出计算点相对于各个灯具的位置，进而读出各个灯具（如前所述的灯具数量）对计算点产生的照度，然后求和。因为等照度曲线图通常是相对于 1000lm 的光源光通量绘制的，计算时需注意再乘上光源光通量与 1000lm 的比值及维护系数，才是计算点的维持照度值。

若灯具实际安装高度和绘制等照度曲线时所使用的高度不同，则须对计算结果进行高度修正，通常各种安装高度的修正值在该曲线图右方给出。

2.2.2　路面平均照度计算

（1）数值计算

当某段道路路面上规则分布的若干点的照度已经计算出来后，该段路面上的平均照度就可以根据式（2-9）进行计算：

$$E_{av} = \frac{\sum_{i=1}^{n} E_i}{n} \tag{2-9}$$

式中　E_i——第 i 点上的照度；

　　　n——计算点的总数。

需要计算多少个点的照度才能计算平均照度？路面计算范围宜在两根灯杆间，在纵方向应包含两个灯具之间布置十个计算点，在横方向应该是整个路宽之间位于每条车道的中心线上布置计算点。虽然计算点越多，计算得到的平均值的精度就越高，但一般有这些计算点就够了。

（2）根据利用系数曲线进行计算

计算长度有限的一段直路的平均照度，最容易、最迅速的方法是采用光度测试报告中给出的利用系数曲线图（图 2-16），通过式（2-10）进行计算：

$$E_{av} = \frac{\eta \cdot \phi \cdot M \cdot N}{W \cdot S} \tag{2-10}$$

式中　η——利用系数；

　　　ϕ——光源光通量；

　　　M——维护系数，取 0.65 或 0.7；

　　　N——每个照明器内灯泡数，一般 N 取 1；

　　　W——路面宽度；

　　　S——灯杆间距。

上式中的利用系数 η，要从所采用灯具的利用系数曲线图中，根据选用的灯高、路宽和仰角计算。ϕ 值要查相应光源的产品参数，M 按表 2-3 取值，设定 S 值后，代入式（2-10）就可以算得平均照度。计算结果如与要求的数值不符，可调整数据后重算，直到符合要求为止。

2.2.3　照度均匀度计算

如果在灯具下的路面很亮，而在两个灯具中间却较暗，驾驶员在驾车行进中将遇到亮暗交替的过程（即斑马效应），眼睛受亮暗连续交替的影响，整个视力工作就发生困难，导致视觉的疲劳。因此，要求路面上的照度分布必须比较均匀。

道路照明标准规定的均匀度（U）是路面的最小照度（E_{min}）与平均照度（E_{av}）之比。即 $U = E_{min}/E_{av}$，或其倒数 E_{av}/E_{min} 之比，有时还要考虑 E_{av}/E_{max}、E_{max}/E_{av}。E_{av} 可以通过上面介绍的两种方法之一进行计算，如何来确定 E_{min} 和 E_{max} 呢？

如果计算准确度要求不太高，可从上面计算得到的一系列规则排列点的照度值中挑出最小和最大照度值。如若要计算准确度高，则须采用另外的方法。因为，最大照度点和最小照度点不一定恰恰落在均匀排列的计算过的那些点上。因此，得找出最大照度点和最小照度点，通常可按下面的方法估计。

关于最大照度点，如果灯具在各个垂直截面上的光强分布均满足不等式 $I_0 \geqslant I_\gamma \cos^3 \gamma$（其中，$I_0$ 为照明器垂直向下光强，I_γ 为垂直投射角等于 γ 方向的光强），则最大照度点通常在灯下。若在某一垂直截面上 $I_0 < I_\gamma \cos^3 \gamma$，则可以预计最大照度点在这个平面附近，但这种情况很少出现。

关于最小照度点，若采用的是具有旋转对称光分布的灯具，则最小照度点有可能出现在图 2-11 中的 A、B、C 各点处，实际上灯具的光分布往往是非对称的，最小照度点会偏离 A、B、C 各点。

确定了最大和最小照度点，再计算在这些点上的照度就不难求出照度均匀度了。

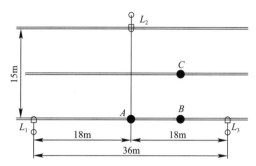

图 2-11　路面上最小照度点示意图

2.2.4　道路照明计算举例

[例 2-1]　用等光强图求路面上某点的照度。

某城市一个道路照明工程，采用一款新颖灯具（内装 200W 的 LED 灯，额定光通量为 20543lm），灯具为单侧排列，道路宽为 10m，灯具安装高度为 14m，间距为 30m。灯具光源中心垂直线离路缘 0.5m。求如图 2-12 所示的 P 点处的照度，图 2-13 为该灯具的等光强图。

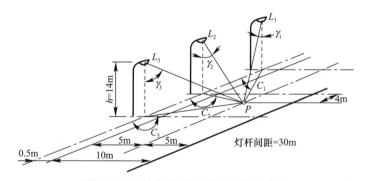

图 2-12　三个灯具对 P 点的照度示意图

[解]

（1）先确定 P 点相对于图中 L_1、L_2、L_3 三个灯具的坐标 (C_1, γ_1)、(C_2, γ_2)、(C_3, γ_3)。P 点相对 L_1 的坐标：

$$\tan \gamma_1 = \frac{\sqrt{5.5^2 + (30+4)^2}}{14} = 2.4601$$

$$\gamma_1 = 67.88°$$

$$\cos C_1 = \frac{30+4}{\sqrt{5.5^2 + (30+4)^2}} = 0.987$$

$$C_1 = 9.19°$$

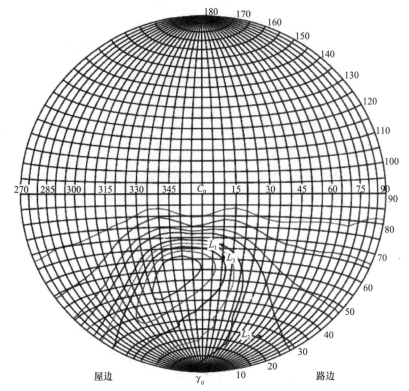

路灯分类：

IES: I 类-短
CIE: 窄扩展-短投射
IES: 截止
CIE: 半截光型
Max:At80:50.00cd/klm
Max:At90:3.880cd/klm
Max:80-90:50.00cd/klm

灯光强图（图形网图）	
光强单位	cd
I_{max}=100%	10844
——— 90%	9760
——— 80%	8675
——— 70%	7591
——— 60%	6507
——— 50%	5422
——— 40%	4338
——— 30%	3253
——— 20%	2169
——— 10%	1084
——— 5%	542

图 2-13　LD-8501 型道路照明灯具的等光强曲线图

P 点相对 L_2 的坐标：

$$\tan \gamma_2 = \frac{\sqrt{5.5^2 + 4^2}}{14} = 0.4858$$

$$\gamma_2 = 25.91°$$

$$\cos C_2 = \frac{4}{\sqrt{5.5^2 + 4^2}} = 0.588$$

$$C_2 = 53.97°$$

P 点相对 L_3 的坐标：

$$\tan \gamma_3 = \frac{\sqrt{5.5^2 + (30-4)^2}}{14} = 1.8982$$

$$\gamma_3 = 62.22°$$

$$\cos C_3 = \frac{30-4}{\sqrt{5.5^2 + (30-4)^2}} = 0.9783$$

$$C_3 = 11.94°$$

（2）在图 2-13 正弦等光强图上分别读出 L_1、L_2、L_3 指向 P 点的光强：

$I_{L_1} = 5422cd$；$I_{L_2} = 4067cd$；$I_{L_3} = 7229cd$

（3）根据公式（2-7）分别计算出 L_1、L_2、L_3 对 P 点产生的照度 E_{L_1}、E_{L_2}、E_{L_3}。

$$E_{L_1} = \frac{5422}{14^2}\cos^3 67.88° = 1.477(\text{lx})$$

$$E_{L_2} = \frac{4067}{14^2}\cos^3 25.91° = 15.101(\text{lx})$$

$$E_{L_3} = \frac{7229}{14^2}\cos^3 62.22° = 3.734(\text{lx})$$

$$E_p = E_{L_1} + E_{L_2} + E_{L_3} = 20.3(\text{lx})$$

考虑光源光通量的衰减、灯具因污染而折旧等因素，还须乘上维护系数（M），按设计标准要求，采用灯具防护等级＞IP54，维护系数取 0.70，如小于 IP54 则取 0.65。假定取 0.7，则最后可得 P 点的维持照度：

$$E_p = 25.4 \times 0.7 = 17.78(\text{lx})$$

［例 2-2］ 用等照度曲线图计算路面上某点的照度。

如图 2-11 所示，在 10m 宽的道路上，以交错布灯方式布灯，灯的安装高度为 12m，一侧灯间距为 36m。灯具内使用 200W 的 LED 灯。其额定光通量为 20543lm，求 A 点的照度，该灯具的等照度曲线图如图 2-14 所示。

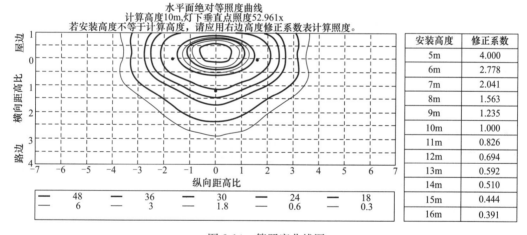

图 2-14 等照度曲线图

［解］

（1）在图 2-14 等照度曲线图上标出计算点 A 相对于 L_1、L_2、L_3 的位置。

A 点相对于 L_1 的位置：

横向距离　0

纵向距离　$\frac{36}{12} = 3.0(\text{m})$　（车行道侧）

A 点相对于 L_2 的位置：

横向距离 15/12＝1.25(m)（车行道侧）

纵向距离为 0

A 点相对于 L_3 的位置与 L_1 相同。

然后把计算结果标在等照度曲线图上，即图2-14上的 L_1（L_3）和 L_2。

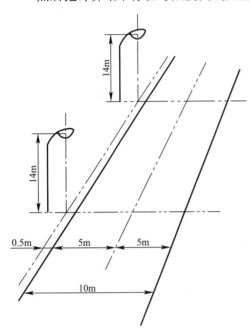

图 2-15 路灯布置示意图

（2）从等照度曲线图上读出 L_1（L_3）和 L_2 处的照度值。

$$E_{L1}=E_{L3}=15(\text{lx})$$
$$E_{L2}=6(\text{lx})$$

（3）求出 A 点的总照度

$$E=E_{L1}+E_{L2}+E_{L3}=36(\text{lx})$$

若再乘上维护系数（$M=0.7$）可得维持照度：

$$E=36\times0.7=25.2(\text{lx})$$

[例 2-3] 根据利用系数曲线计算路面的平均照度。

已知路面宽度为 10m，采用左侧单排布灯，灯的安装高度为 14m，灯杆间距为 30m，灯具光源中心垂直线离路缘 0.5m，仰角 0°（图 2-15）。采用的灯具相应的利用系数曲线（图 2-16），光源采用 200W 的 LED 路灯，其额定光通量 $\phi=20543\text{lm}$，维护系数取为 0.7。

试求（1）左侧半宽路面的平均照度；（2）右侧半宽路面的平均照度；（3）整个路面的平均照度。

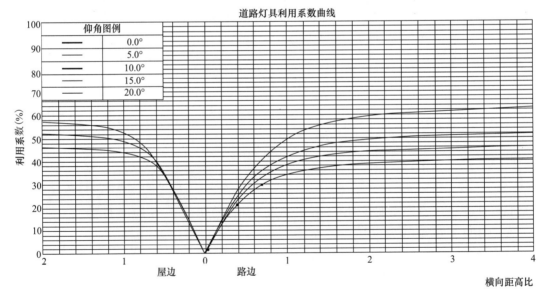

图 2-16 利用系数曲线图

[解]

（1）求左侧半宽路面的平均照度：

路边道侧 $\dfrac{W}{H}=\dfrac{0.5}{14}=0.036$

查图 2-16 利用系数曲线图 $\eta_1 = 0.002$（在车行道侧，且仰角为 0°的曲线上）

车行道侧 $\dfrac{W}{H} = \dfrac{5.5}{14} = 0.393$

查图 2-16 利用系数曲线图 $\eta_2 = 0.215$（在车行道侧，且仰角为 0°的曲线上）

左侧半宽路面总利用系数：

$$\eta_{左} = -\eta_1 + \eta_2 = -0.002 + 0.215 = 0.213$$

根据式（2-10）计算：

$$E_{av} = \frac{\eta \cdot M \cdot \phi}{W \cdot S} = \frac{0.213 \times 0.7 \times 20543}{5 \times 30} = 20.42(\text{lx})$$

（2）求右侧半宽路面的平均照度：

首先计算出整个路面车道侧路宽与灯具安装高度的倍数，从图 2-16 查出利用系数，减去左侧半宽路面车道侧的利用系数，即为右侧半宽路面的利用系数。

车道侧（全部）$\dfrac{W}{H} = \dfrac{10.5}{14} = 0.75$

查图 2-16 利用系数曲线图 $\eta_3 = 0.30$

右侧半宽路面车道侧利用系数为：

$$\eta_{右} = \eta_3 - \eta_2 = 0.30 - 0.215 = 0.085$$

根据式（2-10）计算：

$$E_{av} = \frac{\eta \cdot M \cdot \phi}{W \cdot S} = \frac{0.085 \times 0.7 \times 20543}{5 \times 30} = 8.15(\text{lx})$$

（3）求整个路面的平均照度：

先求出整个路面的利用系数，将人行道侧和整个车道侧利用系数相加。

$$\eta_4 = -\eta_1 + \eta_3 = -0.005 + 0.30 = 0.295$$

计算整个路面的平均照度：

$$E_{av} = \frac{\eta \cdot M \cdot \phi}{W \cdot S} = \frac{0.295 \times 0.7 \times 20543}{10 \times 30} = 14.14(\text{lx})$$

从以上计算结果可以看出：对于灯具单侧排列的道路，安装灯具一侧路面的照度比不装灯具另一侧路面照度要高得多。因此路面照度均匀度要比两侧装灯要差。

2.3 亮度计算

2.3.1 路面上任意一点亮度的计算

计算路面上任意点亮度的方法和计算照度的方法类似，可分别按几种情况进行计算。

根据简化亮度系数表（γ）和等光强曲线图（或光分布表）进行计算。

路面上某点 P 处的亮度为道路上所有灯具所产生的亮度的总和，见式（2-11）：

$$L_p = \sum_{i=1}^{n} \frac{I(C_i, \gamma_i)}{h^2} \cdot \cos^2 \gamma_i \cdot q(\beta_i, \gamma_i)$$

$$= \sum_{i=1}^{n} R(\beta_i, \gamma_i) \frac{I(C_i, \gamma_i)}{h^2} \tag{2-11}$$

其中，$I(C_i, \gamma_i)$ 为第 i 个灯具指向 P 点方向的光强，P 点的位置用 C_i 和 γ_i 表示（图 2-17）。$I(C_i, \gamma_i)$ 可由通过配光测量得到的等光强图（或光强表）读得，而 $R(\beta_i, \gamma_i)$ 可由 γ 表查出。因此，根据式（2-11）就能够计算出路面上任何一点的亮度值，把计算得到的许多点的亮度值标在道路的平面图上，然后把等亮度值的各点用光滑曲线连接起来，就能得到等亮度图。进行这种计算是很费时的工作，通常要用电子计算机才有可能完成。

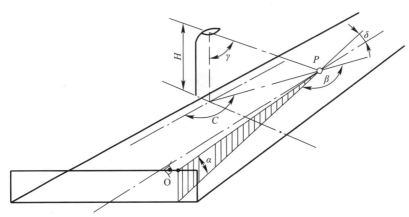

图 2-17 决定路面亮度系数的角度

O—观察点（眼睛）；P—被观察点；α—视线与水平线的夹角（°）；H—光源离地高度（m）；β—观察平面和光的入射平面之间的夹角（°）；γ—入射光线与铅垂线的夹角（°）；δ—观察平面和路轴之间的角度（°）；C—光线和道路纵轴的水平夹角（°）。

2.3.2 路面平均亮度的计算

1. 数值计算

如果在一段路面上，分布规则的若干点上的亮度值已经被计算出来，则该区域上的平均亮度便可根据式（2-12）计算得到：

$$L_{av} = \frac{\sum_{i=1}^{n} L_i}{n} \tag{2-12}$$

式中 L_i——在布点规则的路面上第 i 点上的亮度值；

n——计算点的总数。

很明显，计算点越多，计算得到的平均亮度准确度就越高。但计算点越多，计算工作量越大，因此，根据逐点法进行平均亮度计算和根据逐点法进行平均照度计算一样，也会碰到对路面上哪一段，对哪些点及多少点逐点进行亮度计算的问题。对此，CIE 曾在第三报告中对此问题给出了推荐意见。

关于计算地段：

在道路纵方向应包括同一排的两个照明器范围，而在横方向，若道路中间设置隔离带时，可计算一侧路面，没有中间隔离带时，应对整个路宽进行计算。

关于计算点：

（1）沿道路纵方向，若照明器间距≤50m，则应设 10 个计算点；若照明器间距

（2）沿道路横方向，推荐在每一条车道设置 5 个点，其中一点位于车道中心线，最外方的二点设在距车道边界线为车道宽的十分之一处。

（3）在允许计算误差较大的场合，或预计均匀度好的场所（如高杆照明），则每条车道可以用 3 个计算点。

2. 采用亮度输出曲线进行计算

计算一段长度有限的直路路面（对一固定观察者而言）的平均亮度，最简单最迅速的方法是使用灯具光度测试报告中给出的亮度输出曲线，这和计算路面上的平均照度时使用利用系数曲线很相似。亮度输出曲线如图（2-19）所示，见式（2-13）：

$$L_{av}=\frac{\eta_L \cdot q \cdot \phi_L}{S \cdot W} \tag{2-13}$$

式中　η_L——亮度利用系数；

　　　ϕ_L——光源光通量；

　　　q——路面平均亮度系数；

　　　S——照明器的间距；

　　　W——路宽。

若考虑维护系数（M）则式（2-13）变成式（2-14）：

$$L_{av}=\frac{\eta_L \cdot q \cdot \phi_L}{S \cdot W} \cdot M \tag{2-14}$$

维护系数 M 是光源的光衰（M_1）、灯具的污垢（M_2）和老化（M_3）等三个系数的乘积。根据我国常用道路照明光源和灯具的品质及环境情况，以每年对灯具进行一次擦拭为前提，维护系数可按表 2-3 确定。

道路照明的维护系数　　　　　　　　　　表 2-3

灯具防护等级	维护系数
＞IP54	0.7
IP54	0.65

每一种灯具安装在不同路面上，均有不同的亮度利用系数曲线，但通常按标准路面给出四张亮度输出曲线图，每一张亮度输出曲线图有三条不同的曲线各自对应于不同的观察位置。横坐标的零点（参考点）取在灯具的投影位置上（这和利用系数曲线相同），观察者均位于所计算的这段路面的末端 $10h$ 处。在实际计算时首先从亮度输出曲线图上读出 η_L，然后代入式（2-14）计算。

还有一种计算方法，亮度利用系数曲线不以 η_L 形式给出，而是通过 $\eta_L q$ 曲线或所谓 τ 曲线给出，这样计算平均亮度时就不再乘以 q 了。

2.3.3　计算示例

[例 2-4]　计算条件与 2.1 节照度计算例一相同。观察者位于车道中心线上距离 L_3 为 60m 处，请计算他看 P 点的亮度（图 2-18），沥青路面的 q 值为 0.07。

[解]

（1）分别确定各个 β 角（L_1、L_2、L_3 的光入射平面和观看平面之间的角度），见图 2-18。

① β_1（L_1 的光入射平面和观看平面之间的角度）。
$$\tan\beta_1'=(30+4)/5.5=6.18 \quad \beta_1'=80.81°$$
$$\tan\delta=(60+26)/2.5=34.4 \quad \delta=88.33°$$
$$\beta_1=180°-88.33°-80.81°=10.86°$$

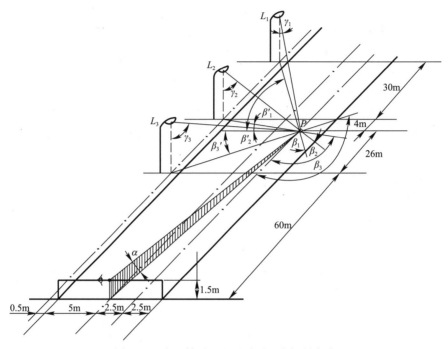

图 2-18　光入射平面和观看平面之间的角度

② β_2（L_2 的光入射平面和观看平面之间的角度）。
$$\tan\beta_2'=4/5.5=0.73 \quad \beta_2'=36.03°$$
$$\beta_2=\beta_1'-\beta_2'+\beta_1=63.16°$$

③ β_3（L_3 的光入射平面和观看平面之间的角度）。
$$\tan\beta_3'=(30-4)/5.5=5.2 \quad \beta_3'=79.11°$$
$$\beta_3=\beta_3'+\beta_2'+\beta_2=178.30°$$

（2）分别确定（γ_1，C_1）、（γ_2，C_2）、（γ_3，C_3），在 2-2 节中已经计算过其结果；
$$\gamma_1=67.88°, \quad C_1=9.19°$$
$$\gamma_2=25.91°, \quad C_2=53.97°$$
$$\gamma_3=62.22°, \quad C_3=168.05°$$

（3）根据（γ_1，C_1）、（γ_2，C_2）、（γ_3，C_3）在图 2-13 等光强图上分别读出 L_1、L_2、L_3 指向 P 点的光强值。
$$I_1=5422\text{cd} \quad I_2=4067\text{cd} \quad I_3=7229\text{cd}$$

（4）根据（β_1，γ_1）、（β_2，γ_2）、（β_3，γ_3）从表 5-4、表 5-5（简化亮度系数（γ）表）按内插法查出 γ 值得：
$$\beta_1=10.86° \quad \tan\gamma_1=\tan67.88°=2.46 \quad R_1=110\times10^{-4}$$
$$\beta_2=63.16° \quad \tan\gamma_2=\tan25.91°=0.49 \quad R_2=280\times10^{-4}$$

$$\beta_3=178.30° \quad \tan\gamma_3=\tan62.22°=1.90 \quad R_3=45\times10^{-4}$$

（5）分别计算各个灯具（L_1、L_2、L_3）在 P 点产生的亮度值，光源为 250W 高压钠灯（额定光通量 20543lm）：

$$L_1=I_1\times R_1/h^2=5422\times110\times10^{-4}/14^2=0.030$$
$$L_2=I_2\times R_2/h^2=4067\times280\times10^{-4}/14^2=0.581$$
$$L_3=I_3\times R_3/h^2=7229\times45\times10^{-4}/14^2=0.166$$

（6）考虑了维护系数（0.7）之后的 P 点总亮度：

$$L=(L_1+L_2+L_3)\times0.7=0.777\times0.7=0.54 \quad (cd/m^2)$$

[**例 2-5**] 道路的几何条件如图 2-19 所示，光源光通量 $\phi_L=20543lm$，$h=14m$，$S=30m$，单向车行道 $W=10m$，分隔岛宽 1m，观察者位于右侧道路中间。路面为混凝土路面，$q=0.1$，亮度利用系数曲线如图 2-19 所示，试求出右侧车道的亮度平均值。

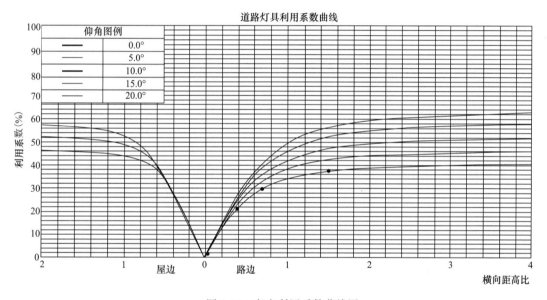

图 2-19 亮度利用系数曲线图

[**解**]

（1）左排照明器对观察点产生亮度因为观察者位于照明器排列线以外 10m＝1h 处，必须采用 η_L 曲线组中的曲线 C 如图 2-19 所示。

$$Y_2=0 \text{ 到 } Y_2=1.54h \text{ 的 } \eta_{11}=0.375$$
$$Y_2=0 \text{ 到 } Y_2=0.82h \text{ 的 } \eta_{12}=0.32$$
$$Y_2=0.82h \text{ 到 } Y_2=1.54h \text{ 的 } \eta_1=0.055$$

（2）右排照明器对观察点产生的亮度，观察者位于灯具排列线上，故必须采用 η_{L2} 曲线组中的 B 曲线（图 2-19）。

$$Y_2=0 \text{ 到 } Y_2=0.75h \text{ 的 } \eta_{r1}=0.30$$
$$Y_1=0 \text{ 到 } Y_1=0.035h \text{ 的 } \eta_{r2}=0.02$$
$$Y_2=0.035h \text{ 到 } Y_2=0.75h \text{ 的 } \eta_r=0.28$$

（3）L 平均＝L 平均（左排照明器）＋L 平均（右排照明器）

$$= 0.055 \frac{q \cdot \phi_L}{S \cdot W} + 0.28 \frac{q \cdot \phi_L}{S \cdot W} = 0.055 \frac{0.1 \times 20543}{30 \times 10} + 0.28 \frac{0.1 \times 20543}{30 \times 10}$$

$$= 2.29$$

2.4　眩光计算

2.4.1　不舒适眩光计算

眩光计算包括不舒适眩光计算和失能眩光计算。以上已讲过，不舒适眩光可依据眩光控制指标（G）来度量。计算出 G 值就可以判定道路照明器装置是否符合照明标准。按式（2-15）计算 G 值：

$$G = 13.84 - 3.31 \lg I_{80} + 1.3 (\lg I_{80}/I_{88})^{1/2}$$
$$- 0.08 \lg I_{80}/I_{88} + 1.29 \lg F + 0.97 \lg L_{av}$$
$$+ 4.41 \lg h' - 1.46 \lg P \tag{2-15}$$

式（2-15）对通常使用的各种光源（除低压钠灯外）在 ± 0.1 内是正确的，若采用低压钠灯，则应增加考虑光色影响的修正系数 C，其值为 $+0.4$。

该式中有的参量与灯具的特性有关，可从光度测试报告中得到，另一些量与路面及灯具的具体安装情况有关。一旦灯具的安装方式，路面的反光特性确定以后，这些参量也可以获得。把所有这些参数值代入式（2-15）便可计算 G 值了。

但须注意一点，路面平均亮度（L_{av}）的确定。若道路灯具已全部安装完毕并已投入运行，则 L_{av} 可通过实测确定，如果是在设计阶段，L_{av} 就无法实测，只能通过计算确定。

［例 2-6］　假定有一条 10m 宽的街道（$q = 0.1$），选用的是半截光型灯具，内装 200W 高压钠灯（其额定光通量 ϕ_L 为 20543lm），安装高度 $h = 14m$，灯间距 $S = 30m$，灯距离路边缘 0.5m，单侧排列。还假定该灯具的有关数据为 $I_{80} = 50 cd/1000lm$，$I_{90} = 3.880 cd/1000lm$，$F = 0.400 m^2$，要求计算 G 值。

［解］　按式（2-15）计算，从等式右边第（1）项到第（8）项依次如下：

（1）13.84

（2）$I_{80} = 50 cd/1000lm$，　　$\phi_L = 20543lm$，所以 $I_{80} = 50 \times 20.5 = 1027 cd$

　　　　$-3.31 \lg I_{80} = -3.31 \lg 1027 = -3.31 \times 3.01 = -9.96$

（3）由已知的 I_{80} 和 I_{90}，用内插法计算 I_{88}：

　　$I_{88} = I_{90} + 2 (I_{80} - I_{90})/10 = 3.880 + 2(50 - 3.880)/10 = 13.104 cd/1000lm$

　　$1.3 (\lg(I_{80}/I_{88}))^{1/2} = 1.3(\lg 50/13.1)^{1/2} = 0.9914$

（4）$-0.08 \lg \left(\dfrac{I_{80}}{I_{88}} \right) = -0.08 \lg \left(\dfrac{40}{17.6} \right) = -0.08 \lg (2.27)$

　　　　　　$= -0.08 \times 0.356 = -0.028$

　　　　$-0.08 \lg (I_{80}/I_{88}) = -0.08 \lg (50/13.1) = -0.04$

（5）$1.29 \lg F = 1.29 \lg 0.4 = 1.29 \times (-1.08) = -1.39$

（6）根据给定条件进行平均亮度计算（计算方法略）

$$L_{av} = 0.335 \frac{q \cdot \phi_L}{S \cdot W} = 2.29 \text{ cd/m}^2$$

$$0.97 \lg L_{av} = 0.97 \lg 2.29 = 0.97 \times 0.360 = 0.35$$

(7) $h' = h - h_o = 14 - 1.5 = 12.5 \text{m}$

$$4.41 \lg h' = 4.41 \lg 12.5 = 4.41 \times 0.93 = 4.1$$

(8) $S = 30 \text{m}$

$$P = 1000/30 = 33.3$$

$$-1.46 \lg P = -1.46 \lg 33.3 = -1.46 \times 1.48 = -2.16$$

把以上计算的各个数代入式（2-15）最后所得：

$$G = 13.84 - 9.96 + 0.9914 - 0.04 - 1.39 + 0.35 + 4.1 - 2.16 = 5.73$$

2.4.2 失能眩光的计算

失能眩光用阈值增量（TI）来定量描述。道路照明标准也把 TI 作为眩光限制评价指标，并且规定了具体数值，因此失能眩光的计算就是阈值增量的计算。

用数值计算的计算公式见式（2-16）：

$$TI = 65 \times \frac{L_v}{L_{av}^{0.8}} \tag{2-16}$$

式中，L_{av} 的适用范围为 $0.05 < L_{av} < 5$，见式（2-17）：

$$L_v = K \sum_{i=1}^{n} \frac{E_{\theta i}}{\theta_i^2} \tag{2-17}$$

式中，θ 的适用范围为 $1.5° \leqslant \theta \leqslant 60°$，常数 K 取值为 10（当 θ 以度为单位时）或 3×10^{-3}（当 θ 以弧度为单位时）。

在进行等效光幕亮度或失能眩光计算时，CIE 作了下列规定和假定：

(1) 观察点位于距右侧路缘 1/4 路宽处。

(2) 假定车辆顶棚的挡光角度为 20°，意味着位于 20°倾斜面以上的灯具不应包括在眩光计算中。

(3) 观察者一直注视着前方路面 90m 的一点（即观察方向和水平轴夹角为 1°），该点距右侧路缘也为 1/4 路宽。

失能眩光的计算程序和范围：第一个灯具总是位于 20°平面上，逐一依次计算 500m 以内同一排灯具所产生的光幕亮度并累加，但要计算到某一个灯具所产生的光幕亮度小于其累加光幕亮度的 20%时为止，对其他排灯具的计算也应遵照这一程序。

近几年，和亮度计算一样，CIE 也规定要对位于每一条车道中心线上的观察点计算阈值增量。

[例 2-7] 假定有一条道路，采用单侧排列布灯方式，灯具间距 $S = 30 \text{m}$，安装高度 $h = 14 \text{m}$，灯具的排列线在路面上的投影距右侧路缘正好为 1/4 路宽。光源光通量为 20543 lm，灯具在通过灯具发光中心且与路轴平行的平面（C_0 平面）的光强分布见表 2-4，求光幕亮度 L_v。

光强分布表 表 2-4

$\gamma\,(°)$	65	70	75	80	83	85	87	88	89	90
I (cd/1000 lm)	764	461	126	50	36	23.5	18	13	8.4	3.9

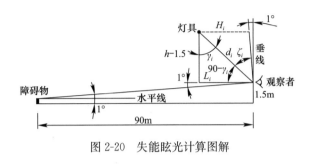

图 2-20　失能眩光计算图解

[**解**]　根据 CIE 的规定和题中计算条件，如图 2-20 所示的几何关系。

（1）各个灯具至观察点水平距离。

车辆顶棚的挡光角度为 $20°$，所以第一个灯具从 $\gamma_1=71°$ 开始算，

$$L_1=(14-1.5)\tan 71°=36.30\ (\text{m})$$

对第二个灯具：$L_2=30+36.30=66.30\ (\text{m})$，$\gamma_2=79.32°$

对第三个灯具：$L_3=30\times 2+36.30=96.30\ (\text{m})$，$\gamma_3=82.60°$

对第 i 个灯具：$L_i=30\times(i-1)+36.30$，$\gamma_i=\arctan\left(\dfrac{L_i}{8.5}\right)$

第 4 到第 12 个灯具的 L 和 γ 角具体数值，如表 2-5 所示。

（2）由已知配光求各个灯具指向观察点的光强。

可用内插法计算。

例如：由 I_{70} 和 I_{75} 求出 I_{71}，即：

$$I_{71}=I_{70}-(I_{70}-I_{75})\times\frac{71-70}{75-70}=461-(461-126)\times\frac{1}{5}=394$$

同理可求出 $I_{\gamma 2}$，$I_{\gamma 3}$，$I_{\gamma 4}$……$I_{\gamma 11}$，$I_{\gamma 12}$，具体数值如表 2-5 所示。

（3）计算各灯具（眩光源）在垂直于视线方向上所产生的照度。

由图 2-20 可看出　$\xi_i=90°-1°-(90°-\gamma_i)=\gamma_i-1°$

$$d_i=\sqrt{(h-1.5)^2-L_i^2}\,,\ H_i=d_i\times\sin\xi_i$$

所以 $E_i=\dfrac{I_i}{H_i^2}\cdot\cos^3(90-\xi_i)=\dfrac{I_i}{H_i^2}\cdot\sin^3\xi_i=\dfrac{I_i}{d_i^2\cdot\sin^2\xi_i}\cdot\sin^3\xi_i$

$$=\frac{I_i}{d_i^2}\sin\xi_i=\frac{I_i}{d_i^2}\sin(\gamma_i-1°)$$

可算出 i 从 1 到 12 的 d_i、γ_i 和 E_i，具体数值列于表 2-5。

（4）计算视线方向和各灯具（眩光源）射向眼睛的光线之间的夹角 θ_i 及其平方的倒数。

由图 2-20 可得出 $\theta_i=90°-\gamma_i+1°$，故计算得

$$\theta_1=20，\theta_2=11.68，\cdots\cdots，\theta_{11}=3.13，\theta_{12}=2.96；$$

$$\frac{1}{\theta_1^2}=\frac{1}{20^2}=0.0025，\ \frac{1}{\theta_2^2}=\frac{1}{11.68^2}=0.00733，\cdots\cdots，\ \frac{1}{\theta_{12}^2}=\frac{1}{2.96^2}=0.11413$$

各个 θ_i 值和 $\dfrac{1}{\theta_i^2}$ 的值列于表 2-5。

（5）求光幕亮度 L_V

$$L_\text{V}=K\sum_{i=1}^{n}\frac{E_{\theta i}}{\theta_i^2}，\ \text{先算出}\ \frac{E_{\theta i}}{\theta_i^2}，$$

失能眩光 *TI* 计算表   表 2-5

i	$I_{\gamma i}$	L_i	γ_i	d_i	E_i	θ_i	$1/\theta_i^2$	$E_{\theta i}/\theta_i^2$
1	394.00	36.30	71.00	34.52	0.31115	20.00	0.00250	0.000778
2	50.00	66.30	79.32	65.11	0.01131	11.68	0.00733	0.000083
3	38.01	96.30	82.60	95.49	0.00407	8.40	0.01417	0.000058
4	29.71	126.30	84.35	125.68	0.00186	6.65	0.02261	0.000042
5	25.10	156.30	85.43	155.80	0.00102	5.57	0.03223	0.000033
6	22.32	186.30	86.16	185.88	0.00064	4.84	0.04269	0.000027
7	19.10	216.30	86.69	215.94	0.00040	4.31	0.05383	0.000022
8	17.71	246.30	87.09	245.98	0.00029	3.91	0.06541	0.000019
9	15.50	276.30	87.41	276.02	0.00020	3.59	0.07759	0.000016
10	14.49	306.30	87.66	306.04	0.00015	3.34	0.08964	0.000013
11	13.57	336.30	87.87	336.07	0.00012	3.13	0.10207	0.000012
12	13.10	366.30	88.04	366.09	0.00010	2.96	0.11413	0.000011

$$\sum(E_{\theta i}/\theta_i^2) = 0.001114$$

例如：$\dfrac{E_{\theta 1}}{\theta_1^2} = 0.0025 \times 0.31115 = 0.000778$

$\dfrac{E_{\theta 2}}{\theta_2^2} = 0.00733 \times 0.01131 = 0.000083$

i 从 1 到 12 的 $\dfrac{E_{\theta i}}{\theta_i^2}$，如表 2-5 所示。将 i 从 1 到 12 的 $\dfrac{E_{\theta i}}{\theta_i^2}$ 的值累计后就是

$$\sum_{i=1}^{12} \frac{E_{\theta i}}{\theta_i^2} = 0.001114$$

需要注意的是，以上结果是当光源光通量为 1000lm 时计算得到的，实际上光源光通量为 20.5klm，故需乘以系数 20.5。

当 $K=10$ 时，$L_V = 10 \times 0.001114 \times 20.5 = 0.228$（cd/m²）

求出了 L_V 后，若再计算出或测量出 L_{av}，便可计算出 *TI*。

若观察者不是位于通过灯具发光中心且与路轴平行的平面（C_0 平面）内，则计算就要复杂些了。

2.4.3 计算不舒适眩光和失能眩光的诺模图方法

1. 计算 *TI* 的诺模图方法

TI 的计算分成两步：首先由诺模图 2-21 求得等效光幕亮度（L_V），其次，由式（2-5）求出 *TI*。

图 2-21 的使用办法如下：

首先，把灯具在平行路轴截面（即 C_0 平面）上的光强值，如图（2-21）中用虚线表示的例子一样，根据该图左侧轴的标尺标在图上，且用光滑曲线连接起来，其次，在右下的小图上的横坐标轴（h 代表灯具安装高度）上，找出实际灯具的安装高度对应的点，向上作与纵轴平行的直线，再从此直线上，找出实际灯具间距与安装高度之比（即 $S:h$）所对应的点，向左图作平行于横轴的直线，此水平线和斜线交点确定了 γ 值，然后从图 2-21

已画好的光强曲线上，读出这些 γ 值所对应的 γ_i 值。把所有的 γ_i 值相加，再乘以 ϕ 和常数 C 就可得到 L_v，见式（2-18）：

$$L_v = C\phi \sum_{i=1}^{12} \gamma_i \tag{2-18}$$

式中　ϕ——光源光通量（klm）；

C——常数，$C = \dfrac{2.81 \times 10^{-3}}{(h-1.5)^2}$。

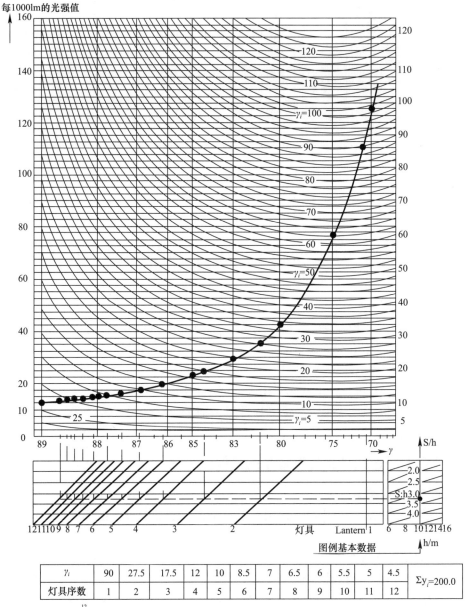

γ_i	90	27.5	17.5	12	10	8.5	7	6.5	6	5.5	5	4.5	$\Sigma y_i = 200.0$
灯具序数	1	2	3	4	5	6	7	8	9	10	11	12	

$L_v = C \cdot \phi \sum_{i=1}^{12} \gamma_i$

式中：$C = \dfrac{2.81 \times 10^{-3}}{(h-1.5)^2} = 3.9 \times 10^{-5}$，$\phi = 27.5$klm，$h = 10$m（灯高）、$S = 33$m（灯间距）、$L_v = 0.215$cd/m²。

图 2-21　计算等效光幕的诺模图

图 2-21 中给出的例子：

假定有一条道路，采用单侧排列布灯方式，灯具间距 $S=33\text{m}$，安装高度 $h=10\text{m}$，灯具的排列线在路面上的投影距右侧路缘正好为 1/4 路宽；光源光通量为 27500 lm，灯具在通过灯具发光中心且与路轴平行的平面（C_0 平面）的光强分布见表 2-6。

光强分布表　　　　　　　　表 2-6

γ（°）	65	70	75	80	83	85	87	88	89	90
I（cd/1000lm）	238	123	77	42	28	23	17	15	13	10

$C=3.9\times10^{-5}$

$\phi=27.5\text{klm}$

$\sum\gamma_i=200$

$L_v=3.9\times10^{-5}\times27.5\times200=0.215\text{cd/m}^2$

知道了 L_v 和平均路面亮度 L_{av} 就可由函数图 2-22 读出阈值增量的值。

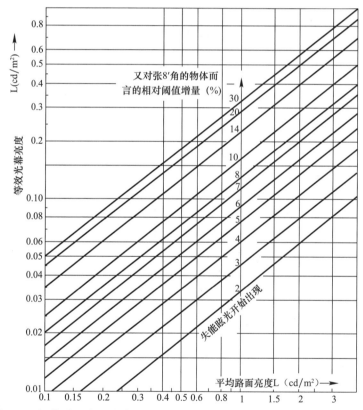

图 2-22　阈值增量为平均路面亮度（L_{av}）和等效光幕亮度（L_v）的函数图

2. 计算 G 的诺模图方法

图 2-23 为计算 G 的诺模图，该图的使用方法如下（见图中虚线）：

从图的右侧轴开始，找出与所考察的照明器的 I_{80} 的值所对应的点，从这点出发向左画一水平线；从该图的水平轴标出的发光区找出与驾驶员所看到的该照明器的发光面积所对应的一点向上作垂线与该平行线交于①；从这点出发作与这一区域的诺模图的斜线平行

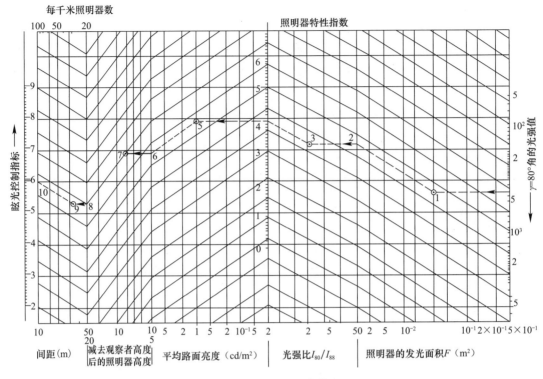

图 2-23 计算 G 的诺模图

的直线直到水平轴表示的新参数（I_{80}/I_{88}）区的边界线的交点②；然后再作水平线直到与该照明器所对应的点③；再从③作与该区域诺模图的斜线平行的直线直到与中轴的交点④；由④出发作与水平轴平行的直线至平均路面亮度所对应的点⑤；由⑤出发再作与该区域的诺模图的斜线平行的直线至新区域的边界线的交点⑥；由⑥出发再作与水平轴平行的直线至 h'（照明器的安装高度与观察点的高度 1.5m 之差）所对应的点⑦；由⑦出发作与该区的诺模图斜线平行的直线至与新区域的边界线的交点⑧；由⑧出发作与水平轴平行的直线至灯间距所对应的点⑨；由⑨出发再作与该区诺模图斜线平行的直线与左侧轴相交于⑩点；最后由左侧轴直接读出眩光控制指标 G 的值。

2.5 用软件计算法进行照度计算

照明设计软件发展至今，功能日益强大，计算模型日益完善，模拟结果日益接近真实环境，已经成为照明设计师不可或缺的工具。

照明专业软件大致分为三种类型：照明计算类软件、灯具设计类软件和专业类软件。专业类软件例如三维渲染软件如 Lightscape、3DMax 等照明计算软件作用是不同的。三维渲染软件是一种绘图工具，是一种场景的立体再现，绘制人的主观性对于最终结果起着决定性作用，并不是科学的计算结果。

照明计算软件是一种计算分析照明设计的工具，帮助设计师客观地对照明设计进行评价，在方案阶段就能预知目标空间的光环境指标，乃至视觉效果，以判断该空间照明效果的好坏。照明计算设计软件也有各自的优缺点，现在多数软件都能同时兼顾物理量计算和场景模拟两种功能，由于其物理模型的不同，其适用范围各有偏重，必须根据功能要求，选择合适的照明设计软件。

2.5.1 照明软件的主要评价指标

照明设计软件的主要评价指标见表 2-7。

照明设计软件的主要评价指标 表 2-7

支持用途	是否支持室内照明、室外照明、道路照明、天然光照明
系统配置	是否支持 Windows 操作系统，计算机系统要求是否过高
分析类型	是否支持点照度计算、平面照度计算、直接照度计算、多次相互反射计算、平均照度计算（流明法、利用系数法）、眩光计算、经济分析、照明功率密度
计算功能	是否能自动布置灯位、是否支持 CAD 界面、能否处理任意道路或房间形状、支持的最多计算区域数量、最多灯具类型数量、最多灯具数量
用户界面	是否易操作、是否支持列表输入、图形输入、是否有在线帮助
输出类型	是否支持逐点数字、等照度曲线、伪彩色图、真实效果模拟、打印及绘图仪输出
光度数据	数据管理是否可编辑并创建相关文件以保证兼容性和开放性、能否与主程序分开独立、光强分布图形能否在屏幕显示
数据库	光源、灯具（型号、规格、性能指标、尺寸、图解、厂家价格）、照明附件（镇流器、控制器、调光器）
物理精确性	详见 2.5.2 节

2.5.2 照明设计软件的物理精确性

1. 场景描述的全面性和物理准确性，模型能提供的光源种类和材料特性，后者与光反射模型的物理机制相关。

2. 整体光照明模型的完备性。一个完整的模型应考虑到所有可能的光传播方式。

3. 模拟的精确度，使用者控制精确度的可能性。系统应能提供在精确度和处理时间中平衡的控制，精度和时间密切相关。

4. 用户界面和结果输出系统的易用性。

目前，Radiance（vet2.5）、Lightscape Visualization system（LVS3.2）、DIALux evo 5 和 AGI32（173 EDU Edition）在算法原理方面具有一定的代表性，实际应用面也较广，因此本章以这四种软件为例，进行物理精确性的比较。同时需要指出的是，这四种软件所要求的硬件和软件环境不同，因此不可能在相同的软硬件环境中完全比较，Radiance 在工作站上的 Unix 环境下运行，LVS、DIALux 和 AGI32 均在 Celeron 2.53GHz，256M 内存，Windows XP SP2 环境下运行。本章所涉及的数据是一种相对的比较，可以大致说明其物理精确性的差异，见表 2-8。四种软件的特点及优缺点见表 2-9。

光源种类、材料特性和反射模型的比较 表 2-8

软件名称	光源与灯具	天然光	材质	反射模型
Radiance	定义灯具的唯一方法是自发光的面，不支持抽象的点光源，能将 IES 格式光源数据转化为 Radiance 描述格式	支持产生特定时间特定地点的 CIE 标准天空	有多种材质模式，不同材料模式采用不同的反射模型，而不是一堆参数描述材料，有的材料模式是对光照模型的补充（镜子和棱镜），有些是对应不同的反射模型（塑料、金属盒透明物体）	使用的基本反射模型同时考虑了一个面的规则反射和漫反射，支持菲涅耳定律和 BRDF（甚至对各向异性的表面），规则反射时，对 BRDF 只考虑直射光的影响。支持各向异性的反射比，使用椭圆形高光定向

续表

软件名称	光源与灯具	天然光	材质	反射模型
LVS	只支持点光源，线光源与面光源。可直接引入IES格式定义的光度分布	支持模拟天然光，要求输入方向，经纬度，时间	支持自发光物体和纹理，材料定义包括镜反射颜色和漫反射颜色，材料特性决定于镜反射与漫反射成分的组合，镜反射在光线跟踪中引起反射效果，漫反射颜色决定透明物体阴影的颜色	采用相当简单的局部反射模型，只支持理想漫反射（朗伯体）和理想镜面反射（透射）体，对混合反射并不支持。由于对光线传播的整体和局部机制的不完整和不准确，以及缺乏由此产生的精度控制，LVS在光学模拟，尤其在工业用途方面，有很大限制
DIALux	只支持按协议提供插件厂商的成品灯具	高版本（4.0以上）支持产生特定时间特定地点的CIE标准天空	分塑料与金属两种材质模式，可定义颜色、反射率、透明度、粗糙程度等参数。不同材料模式采用不同的反射模型	物理测量计算不支持镜面反射与透射，场景渲染借助外挂光线追踪方式POV-Ray渲染器，可生成多种特效。天然光计算功能较弱
AGI32	可支持按协议提供插件厂商的成品灯具。也可直接引入IES格式定义的光度分布	支持产生特定时间特定地点的CIE标准天空	分塑料、金属盒镜面材料三种材料模式，可定义颜色、反射率、粗糙程度等参数。不同材料模式采用不同的反射模型	支持规则反射与漫反射

四种软件的算法特点及相应优缺点比较　　表2-9

软件名称	算法	优点	缺点
Radiance	使用反向蒙特卡洛光线跟踪算法进行渲染，它将面分解成小块，对每一小块求出一点的照度，对其他点用插值求出。计算点的密度对应于环境照度变化的剧烈程度做出调整。计算间接照度时（直接照度单独计算），Radiance从计算点半球内均匀发出数百根光线，反复进行此反射采样过程，可以指定反射次数和发出光线的数目，每次内部反射后，发出光线的密度下降	精度高	建模能力差，对硬件要求很高，计算复杂场景时，如想获得足够的精确度，系统资源消耗极大，需耗费大量计算时间，有时甚至无法忍受
LVS	使用辐射度算法，模拟了环境中能量的传播，控制基于渐进的辐射度算法，最后用反向光线跟踪算法得到渲染结果	渲染图效果好	物理指标计算精度较低。该算法缺少对漫反射的支持，对镜面反射与漫反射混杂的情况无法处理。如场景中——漫反射体被镜子反射的光线照亮的情况
DIALux	采用光线跟踪算法，但只支持一次间接反射	计算精度较高	建模能力差；难以精确设定灯具瞄准目标；对硬件要求较高，计算复杂场景时系统资源消耗较大。渲染效果与真实效果差距较大
AGI32	结合使用两种算法，在室外停车场，泛光照明，道路或工业应用方面，AGI32提供快速的直接照明计算引擎，该模式考虑场景内物体的阴影效果，提供空间任意面的逐点照度。对于室内等场景，AGI32的完整计算模式能够考虑场景光线多次反射运用光能传递引擎的计算生成出色的效果图。AGI32 1.7开始加入了光线追踪，可以在光能传递基础上生成更生动的阴影，更好地表现镜面材质如瓷砖、镜子、玻璃等	建模能力较强，渲染效果较好，物理指标计算精确，可精确设置灯具瞄准目标	操作烦琐，难以迅速掌握

作为辅助设计工具，上述四种软件在照明计算的物理精确性的各项指标上各有优劣。

（1）场景描述的全面性方面：AGI32＞DIALux＞LVS＞Radiance；

（2）整体光照明模型的完备性方面：AGI32＞Radiance＞DIALux＞LVS；

（3）模拟的精确度方面：AGI32＞DIALux＞Radiance＞LVS；

（4）用户界面和结果输出系统的易用性方：DIAlux＞AGI32＞LVS＞Radiance。

一些知名的或有相当实力的灯具厂商针对自己的产品进行开发，如 Philips 的 Calculux，这些软件更多地针对自身的灯具参数。目前，被较为广泛使用的照明计算软件为 Dialux 和 Agi32。Dialux 是由德国的 DIAL 公司开发设计。近些年，Dialux 已进入中国市场，目前已有中文简体版本，由于其免费的策略已有很多国人使用。Agi32 正式版费用较为昂贵，在澳大利亚和美国的一些大学里较为普及，仅限于英文版本，国内使用者较少。

2.5.3 以 DIAlux 为例，简单介绍软件的使用方法（以道路照明设计为例）

1. 建模的关键参量

（1）道路排列方式（机动车道、非机动车道、人行道、分割岛、隔离带等）

（2）路宽

（3）路面反射率

（4）维护系数

2. 重要设计值

（1）灯头安装高度

（2）灯杆间距

（3）灯头仰角

以上几个重要参数直接影响照明的效果。

[例 2-8] 已知某城市的快速通道（高架路），宽 20m，中间隔离带为 1m，采用双侧对称布灯。灯的安装高度为 14m，灯杆间距为 30m，路灯发光中心距路沿 0.5m，仰角 0°，采用的灯具是系统功率为 200W 的 LED 路灯，额定光通量为 20543 lm，维护系数确定为 0.7。下面我们看一下对上述案例进行的照度计算。

（1）打开 DIALux4.13 版图标，在精灵面板中导入"200W 路灯道路设计案"进行道路照度计算（图 2-24）。

图 2-24　DIALux4.13·运行界面

　　（2）粘贴一个街道组件－车道，因为是快速路，不设置非机动车道和行人道。设置两侧道路 1 与道路 2，路宽 10m，线道数为 2，分割岛为 1（图 2-25）。设置街道的照度情形为 A1（快速路的情形：速度>60km/h，无行人与非机动车通过，具体可按精灵模式的提示检索），维护系数为 0.7，设置机动车路面（沥青路面），反射率与材质以及其他相关参数见图 2-25。

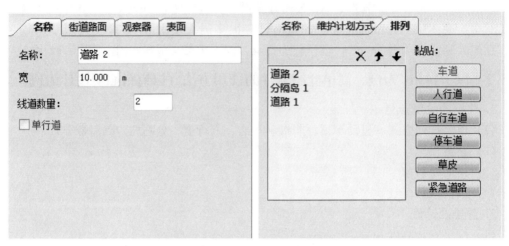

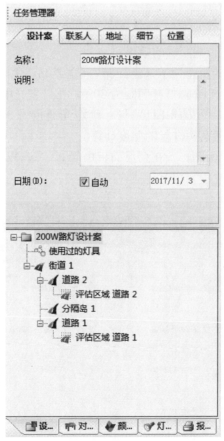

图 2-25　反射率与材质以及其他参数

（3）在道路的评估区域中设定照度种类为 ME2（图 2-26）。相当于我国城市道路照明设计标准中快速路的标准。我国根据道路的使用功能，将城市道路照明分为主要供机动车使用的机动车交通道路照明和主要供非机动车与行人使用的人行道路照明两类。机动车交通道路照明分为快速路与主干路、次干路、支路三级。本案例是快速路的照明等级。而欧洲（英国）对道路照明等级的划分与我国不同。对比可见照度种类 ME2 相当于我国城市道路照明设计标准中快速路的标准。

（4）下面就是导入灯具的 IES 文件，并排列灯具。设置灯具光源的光通量、功率和照明的布局。因为我们做的是两侧对称布灯的路型，该选择双侧对称排列的方式，此处为了调整 IES 光源文件方便，故也可以做两次单侧排列，以便分别调整光源（图 2-27）。

注意事项：

1）有时 IES 文件的默认投射方向会与设计的方向不同，必须设计师自己重新调整，如果前面选择双侧对称布置可能会造成无法调成我们需要的相对的方向。因此解决的办法可以要求厂家给你新的调整过方向的 IES 文件。

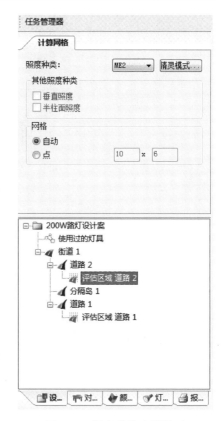

图 2-26　照度种类选择界面

图 2-27　导入灯具 IES 文件以及灯具排列方式选择界面（一）

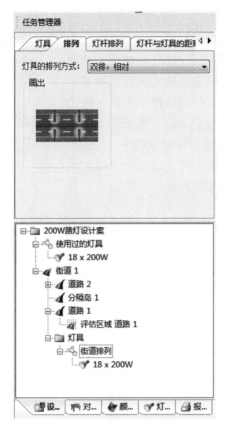

图 2-27   导入灯具 IES 文件以及灯具排列方式选择界面（二）

2）用户在排列方式不完全确定的时候可以设置各个尺寸的范围和步长。

（5）得到道路 3D 模拟效果视图（图 2-28、图 2-29）。

图 2-28   道路 3D 模拟效果视图（一）

图 2-29   道路 3D 模拟效果视图（二）

（6）查看报表。选择本项目评估区域的道路 1 和道路 2 的结果目录，等级照度，点照度值分别查看（图 2-30）。

图 2-30 计算结果报表界面

结果目录：目录界面见图 2-31，等照度曲线见图 2-32，点照度分布见图 2-33。

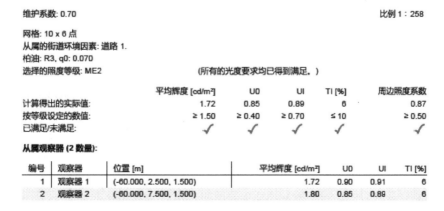

维护系数: 0.70   比例 1 : 258

网格: 10 x 6 点
从属的街道环境因素: 道路 1.
柏油: R3, q0: 0.070
选择的照度等级: ME2   (所有的光度要求均已得到满足。)

	平均辉度 [cd/m²]	U0	UI	TI [%]	周边照度系数
计算得出的实际值:	1.72	0.85	0.89	6	0.87
按等级设定的数值:	≥ 1.50	≥ 0.40	≥ 0.70	≤ 10	≥ 0.50
已满足/未满足:	✓	✓	✓	✓	✓

从属观察器 (2 数量):

编号	观察器	位置 [m]	平均辉度 [cd/m²]	U0	UI	TI [%]
1	观察器 1	(-60.000, 2.500, 1.500)	1.72	0.90	0.91	6
2	观察器 2	(-60.000, 7.500, 1.500)	1.80	0.85	0.89	6

图 2-31 目录界面

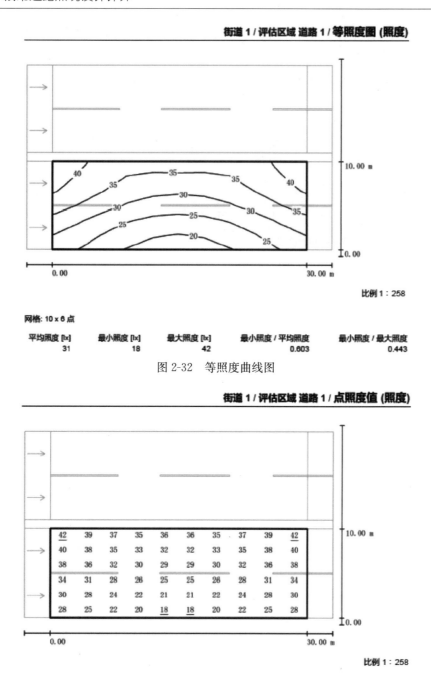

图 2-32 等照度曲线图

图 2-33 点照度分布图

（7）导出文件。最后在报表栏里在所需要的资料前打勾，将文件导出报表保存为 PDF 格式以便于打印查看（图 2-34）。

在结果目录的表中，对照欧标 ME2 的照明标准，各项指标符合。对照我国现行行业标准《城市道路照明设计标准》CJJ 45 当中快速道路的照明标准，各项技术指标也是符合的。

图 2-34 计算结果导出界面

2.5.4 设计参数对亮度的影响

因灯杆距离、灯具安装高度、吊杆角度这三个设计参数对最终结果的影响很大，所以应重点研究它们的变化对结果的影响。

重新举一条次干路的例子：某城市支路，宽 20m，采用单侧布灯，暂定灯的安装高度为 14m，灯杆间距为 32m，悬挑（2m）悬挑出路沿 1.3m，仰角 10°，采用 238W 的 LED 路灯，其额定光通量为 27720 lm，维护系数为 0.70。

首先，我们设置好我们的场景（图 2-35）。

图 2-35 模拟计算场景设置图

其次，设定灯具仰角 10°和安装高度 14m 不变，改变灯间距从 28m 到 36m，通过软件的计算我们可以得出图 2-36～图 2-38。

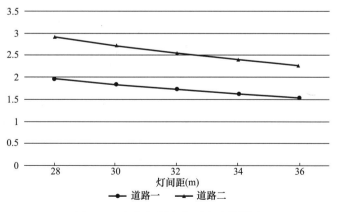

图 2-36 灯杆间距变化对亮度的影响

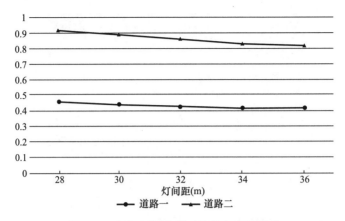

图 2-37　灯杆间距变化对总均匀度的影响

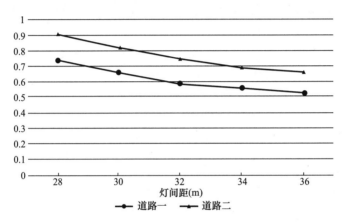

图 2-38　灯杆间距变化对纵向均匀度的影响

再次，我们确定间距和安装高度不变，仰角从 6°变化至 14°，对平均亮度、总均匀度和纵向均匀度的影响（图 2-39～图 2-41）。

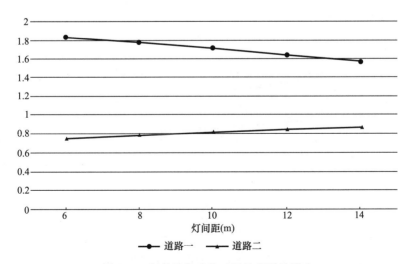

图 2-39　灯具仰角变化对平均亮度的影响

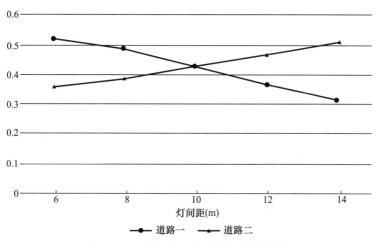

图 2-40 灯具仰角变化对总均匀度的影响

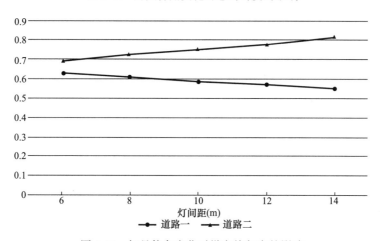

图 2-41 灯具仰角变化对纵向均匀度的影响

最后，我们确定安装间距和仰角不变，安装高度从 10m 变化至 14m，对平均亮度、总均匀度和纵向均匀度的影响（图 2-42～图 2-44）。

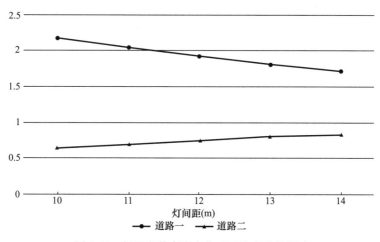

图 2-42 灯具安装高度变化对平均亮度的影响

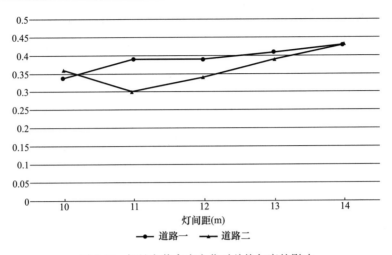

图 2-43　灯具安装高度变化对总均匀度的影响

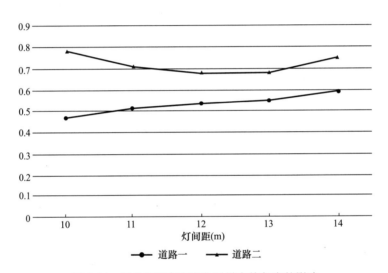

图 2-44　灯具安装高度变化对纵向均匀度的影响

　　进一步，还可以分析悬臂长度等因素对设计结果的影响。通过设计中各主要参数的变化，我们可以查看其对照明效果的影响，从而选出最合理的方案，进行深入的优化设计。

　　最后，照明设计软件所模拟计算的只是一种相对理想环境下得到的结果，现实环境中影响照明效果的因素有很多，有些无法在计算机中很好的体现。因此，照明设计软件虽然能有效地协助照明设计师提高工作效率，但它毕竟只是一种辅助工具，无法完全替代照明设计师的创造性工作。

第3章 城市道路照明器材

3.1 常用光源电器的选择

3.1.1 光源种类

道路照明光源用于室外场所，应综合考虑光源的寿命、光效以及色温与显色性等指标。由于受气候的影响很大，而且灯具安装环境复杂，更换比较困难，所以选择寿命长的光源显得尤为重要。另外，道路照明的单灯功率普遍较高，亮灯时间较长，耗电量非常可观，所以从节能角度考虑，应该选择高效的光源。对于不同场所、不同地区，光源的色温与显色性要求会有很大的区别，所以应根据具体情况加以选择。道路照明常用光源种类及技术指标见表3-1。

道路照明常用光源种类及技术指标　　　　　　　表3-1

光源类型	光效 （lm/W）	显色指数	色温 （K）	平均寿命 （h）	应用场合
三基色荧光灯	＞90	＞80	2700～6500	12000～15000	隧道、人行通道、过街天桥等
自镇流 荧光灯	40～50	＞80	2700～6500	5000～8000	人行道、广场等
金属卤 化物灯	75～95	65～90	2800～5600	9000～15000	所有室外场合
高压钠灯	80～130	23～25	1700～2500	＞20000	所有室外场合
发光二极管 （LED）	＞120	≥60	＞1800	＞50000	所有室外场合

1. 高压钠灯

高压钠灯是一种利用钠放电时产生的高压（约7000Pa）钠蒸气获得可见光的电光源，其放电管采用抗钠腐蚀的半透明多晶氧化铝陶瓷制成，工作时发出金白色光。它具有发光效率高（光效可达130lm/W）、寿命长、透雾性能好等优点。广泛用于道路、机场、码头、车站、广场及工矿企业照明，是一种理想的节能光源，缺点是显色指数低。表3-2、表3-3为高压钠灯技术数据。

SON-T 高压钠灯 表 3-2

型号	额定电压 (V)	灯电流 (A)	功率 (W)	光通量 (lm)	显色 指数	色温 (K)	平均 寿命 (h)	外形尺寸（直 径×长度，mm）	灯头型号
50W		0.76	50	3600				38×156	E27
70W		0.98	70	6000		1900			
100W		1.20	100	9000			24000	47×211	E40
150W	220	1.80	150	15000	23				
250W		3.00	250	28000				47×257	
400W		4.60	400	48000		2000		47×283	
1000W		10.6	1000	130000			15000	67×390	

注：表中为飞利浦产品数据。

高压钠灯技术数据 表 3-3

型号	额定电压 (V)	功率 (W)	工作电流 (A)	初始 光通量 (lm)	色温 (K)	显色 指数	外形尺寸 （直径× 长度，mm）	寿命 (h)	灯头 型号	燃点 位置
NG70		70	0.98	6000			39×156		E27	
NG100		100	1.20	8500	1900	>20	39×180		E27	
							48×211		E40	
NG110		110	1.30	10000			39×180		E27	
							48×211		E40	
NG150	220	150	1.80	16000			39×180	18000	E27	任意
							48×211		E40	
NG215		215	2.25	23000			48×260		E40	
NG250		250	3.00	28000	2000	>20				
NG360		360	3.40	40000			48×292			
NG400		400	4.60	48000						
NG600		600	5.80	80000			48×385			
NG1000		1000	10.30	130000			68×400			

注：表中为亚明产品数据。

2. 金属卤化物灯

金属卤化物灯是在高压汞灯和卤钨灯工作原理基础上发展起来的新型高效光源，其基本原理是将多种金属以卤化物的方式加入到高压汞灯的电弧管中，使这些金属原子像汞一样电离、发光。汞弧放电决定了它的电性能和热损耗，而充入灯管内的低气压金属卤化物决定了灯的发光性能。充入不同的金属卤化物，可以制成不同特性的光源。

金属卤化物灯光效高、寿命长、显色性好，而且可以根据不同需要设计制造出需要的光色。

金属卤化物灯按照填充的金属卤化物及发光特性不同形成 4 大类。

（1）充入钠、铊、铟等的金属卤化物灯，光效为 70～80lm/W，色温 3800～4200K，显色指数 70～75，灯的寿命可达数千小时，常用于一般照明。

（2）充入钪、钠等的金属卤化物灯，光效高，为 90～100lm/W，显色指数 60～70，色温 3600~4200K。但此类灯需配用 LC 顶峰超前式镇流器（CWA 型）。常用作室内或道路、商场照明。

（3）充入镝、钬、铥等的金属卤化物灯，光效为 70~80lm/W，色温 3800~5600K，显色指数 80~95，但灯的寿命较短。可用于电视、体育场、礼堂等对光色要求很高的大面积照明场所。

（4）利用锡、铝分子发光的金属卤化物灯。这类灯显色性好，显色指数在 90 以上，但光效较低，为 50~60lm/W，光色一致性差，灯的启动也较困难。

金属卤化物灯还可以分为带外玻壳的金属卤化物灯、不带外玻壳的管型金属卤化物灯、陶瓷电弧管金属卤化物灯、球形中短弧金属卤化物灯。带外玻壳的金属卤化物灯结构与高压汞灯很相似，一些小功率的金属卤化物灯外形尺寸与高压汞灯相同；管型金属卤化物灯结构简单、体积小，不仅可以使灯具的体积缩小，灯具的效率也高，这类灯成本低、使用方便；由于透明或半透明陶瓷管能耐高温、化学性能极稳定，因而制成的光源光效更高，显色性更好，光色稳定，寿命更长，其功率为 20~400W；球形金属卤化物灯光效高、光色好、外形尺寸小，便于提高灯具的效率。金属卤化物灯技术数据见表 3-4。

金属卤化物灯技术数据 表 3-4

系列	型号	功率 (W)	光通量 (lm)	光效 (lm/W)	灯电流 (A)	补偿电容 (μF)	直径 (mm)	长度 (mm)	光中心长度 (mm)	灯头型号	平均寿命 (h)
管形金卤灯	HQI-T 250/D	250	20000	80	3.0	32	46	225	150	E40	12000
	HQI-BT 400/D*	400	32000	76	4.0	45	62	285	175	E40	12000
	HQI-T 400/N*	400	42000	100	4.1	45	46	275	175	E40	12000
泡形金卤灯	HQI-E 70/NDL	70	5200	74	1.0	12	55	144	—	E27	9000
	HQI-E 70/WDL	70	4700	79	1.0	12	55	144	—	E27	9000
	HQI-E 100/NDL	100	7800	78	1.1	16	55	144	—	E27	9000
	HQI-E 100/WDL	100	8500	85	1.1	16	55	144	—	E27	9000
	HQI-E 150/NDL	150	11400	76	1.8	20	55	144	—	E27	9000
	HQI-E 150/WDL	150	12000	80	1.8	20	55	144	—	E27	9000
	HQI-E 250/D	250	19000	76	2.1	32	90	226	—	E40	12000
	HQI-E 400/N*	400	45000	112	4.2	45	120	290	—	E40	12000
	HQI-E 400/D*	400	32000	76	3.8	45	120	290	—	E40	12000
双端金卤灯	HQI-TS 70/D（WDL）UVS	75	5000	67	1.0	12	20	114.2	57	Rx7s	9000
	HQI-TS 70/NDL UVS	73	5500	75	1.0	12	20	114.2	57	Rx7s	9000
	HQI-TS 150/D（WDL）UVS	150	11000	73	1.8	20	23	132	66	Rx7s-24	12000
	HQI-TS 150/NDL UVS	150	11250	75	1.8	20	23	132	66	Rx7s-24	12000
	HQI-TS 250/D（WDL）UVS	250	20000	80	3.0	32	25	163	81.5	Fc2	12000
	HQI-TS 250/NDL UVS	250	20000	80	3.0	32	25	163	81.5	Fc2	12000
	HQI-TS 400/D	400	36000	90	4.1	45	31	206	103	Fc2	12000
	HQI-TS 400/NDL	400	35000	88	4.0	45	31	206	103	Fc2	12000

续表

系列	型号	功率 (W)	光通量 (lm)	光效 (lm/W)	灯电流 (A)	补偿 电容 (μF)	直径 (mm)	长度 (mm)	光中心 长度 (mm)	灯头 型号	平均 寿命 (h)
管型 陶瓷 内管 金卤灯	HCI-T 35/WDL	39	3300	87	0.5	6	20	100	56	G12	12000
	HCI-T 70/NDL	72	5800	81	1.0	12	20	100	56	G12	12000
	HCI-T 70/WDL	72	6600	92	1.0	12	20	100	56	G12	12000
	HCI-T 150/NDL	147	12700	86	1.8	20	20	105	56	G12	12000
	HCI-T 150/WDL	147	14000	95	1.8	20	20	105	56	G12	12000
双端 陶瓷 内管 金卤灯	HCI-TS 70/NDL	72	5700	81	1.0	12	21	114.2	57	RX7s	12000
	HCI-TS 70/WDL	72	6500	88	1.0	12	21	114.2	57	RX7s	12000
	HCI-TS 150/NDL	147	13400	90	1.8	24	24	132	66	RX7s-24	12000
	HCI-TS 150/WDL	147	13500	92	1.8	20	24	132	66	RX7s-24	12000
	HCI-TS 250/WDL	250	24200	100	2.9	32	25	163	81.5	Fc2	12000

注：1. D＝日光色（显色指数≥90）；N＝冷白色（显色指数≥60）；NDL＝DE LUXE冷白色（显色指数≥80）；
　　WDL＝DE LUXE暖白色（显色指数≥80）。
　　2. ＊与NAV高压钠灯镇流器配套使用的数据。
　　3. 1）在50Hz额定电压下补偿后线路功率因数 cosΦ≥0.9。
　　　　2）光中心长度＝灯头触点和电弧中心间的距离。
　　4. 表中为欧司朗产品数据。

3. LED 灯具

LED是一种半导体发光二极管，利用固体半导体芯片作为发光材料，当两端加上正向电压，半导体中的载流子复合发出过剩的能量，从而引起光子产生可见光。目前用于道路照明的白光LED一般是通过蓝光LED激化黄色荧光粉而产生。在各国政府的大力推动下，LED技术取得很大的进展，白光LED以其效率高、功耗小、寿命长、响应快、可控性强、绿色环保等显著优点，被认为是"绿色照明光源"，已成为继白炽灯、荧光灯之后的第四代照明光源，具有巨大的发展潜力。

LED灯具应符合安全可靠、技术先进、经济合理、节能环保和维修方便的要求。灯具宜采用内装式控制装置，便于现场更换和维修。模块用直流或交流电子控制装置，应符合国家3C认证的规定能在−40℃～50℃环境温度内正常工作，特殊场所应满足具体使用场所的环境温度、湿度和腐蚀性等其他要求。在道路照明中应用应具有的基本技术性能：

（1）LED灯具宜预留智能控制接口，可采用PLC、LTE-CAT1（以下简称CAT1）等物联网接口。

（2）照明控制系统可以通过LED路灯控制器控制灯的开启、关闭和调节亮度。当前LED灯具调光的方式主要包括两种：

1）调输出电流占空比型：LED芯片只有在额定的驱动电流下才能使其光色参数达到最优性能。因此，占空比调光主要是在给定的调制频率下，通过控制电路接通时间在整个电路工作周期的百分比来调节光通输出。这种调光方式下，能够确保LED芯片在额定工作电流下工作，从而确保在调光过程中灯具光色参数的稳定性，对于多通道颜色的精准调节控制具有重要作用。

2）调输出电流大小型：这种调光方式通过调节通过 LED 芯片的连续驱动电流大小来实现调光控制。它具有调节方式简单，调光过程中不会产生频闪等优势。然而，由于在调光过程中，通过 LED 芯片的驱动电流大小发生变化，从而导致灯具光输出的变化呈现非线性，且会出现光色漂移等问题，因此需要在灯具设计中对灯具可以实施调节电流大小的范围加以科学设计，方可保证调光的实施质量。

（3）路灯控制器应具备模拟量采集功能，能够检测 LED 灯具的电压、电流、有功功率和功率因数，发现采集的数据异常应即时报警和提示。

（4）驱动电源功率应符合标准、系列化的要求，LED 路灯内置驱动电源的输出直流电流额定值宜按 350mA、500mA、700mA、1050mA、1400mA、2100mA、2800mA、4200mA、5600mA 等进行分类。

（5）LED 道路照明灯具纵向配光宜根据二分之一最大光强曲线在路面上形成的投影线沿车沿线方向投射的最大距离 D_1（图 3-1）按表 3-5 分类。横向配光宜根据道路侧灯具二分之一最大光强曲线在路面上形成的投影线与灯具光中心连线的最大距离 D_2（图 3-1）按表 3-6 分类。

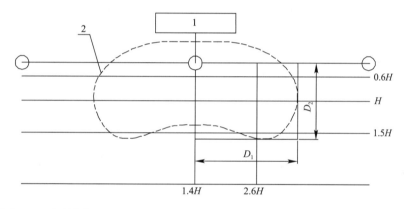

说明：1——灯具光中心；
　　　2——灯具二分之一最大光强曲线在路面上形成的投影线；
　　D_1——二分之一最大光强曲线在路面上形成的投影线沿车行线方向投射的最大距离；
　　D_2——道路侧灯具二分之一最大光强曲线在路面上形成的投影线与灯具光中心连线的最大距离，其值与灯具实际仰角有关。

图 3-1　灯具配光分类参数示意图

灯具纵向配光分类　　　　　　　　　　　　　　　　　表 3-5

灯具纵向配光类型	灯具特征
短配光	$D_1 \leqslant 1.4H$
中配光	$1.4H < D_1 \leqslant 2.6H$
长配光	$D_1 > 2.6H$

灯具横向配光分类　　　　　　　　　　　　　　　　　表 3-6

灯具横向配光类型	灯具特征
窄配光	$0.6 < D_2 \leqslant H$
中配光	$H < D_2 \leqslant 1.5H$
宽配光	$D_2 > 1.5H$

（6）光度要求：初始光通量不应小于额定光通量的90%，且不应大于额定光通量的120%。LED灯具效能限值不应低于表3-7的规定。

表 3-7

LED 灯具效能限值

色温 T_c（K）	2700/3000	3500/4000/5000
灯具效能限值（lm/W）	115	120

（7）LED道路照明灯具的纵向配光宜符合表3-8的规定。

表 3-8

灯具纵向配光

配光类型	使用要求
短配光	短配光灯具的安装间距不宜大于 $3H$
中配光	中配光灯具的安装间距不宜大于 $4H$
长配光	不限制

（8）LED道路照明灯具的横向配光宜符合表3-9的规定。

表 3-9

灯具横向配光

布置方式	单侧布置	双侧交错布置	双侧对称布置	配光类型使用要求
路面有效宽 W_{eff}	$W_{eff} \geq H$	$W_{eff} \geq 1.5H$	$W_{eff} \geq 2H$	不宜采用窄配光的灯具
	$W_{eff} \geq 1.4H$	$W_{eff} \geq 2.4H$	$W_{eff} \geq 2.8H$	不宜采用中配光和窄配光的灯具

注：表3-5～表3-9中，D_1、D_2、H 的含义见图3-1。

（9）色度要求：一般显色指数不应小于60，且额定相关色温宜采用3000K，不宜大于4500K。同型号的LED灯具的色容差不应大于7SDCM，在不同方向上的色品坐标与其加权平均值偏差在CIE 1976规定的均匀色度标尺图中，不应大于0.007。寿命周期内的色品坐标与初始值的偏差在CIE 1976规定的均匀色度标尺图中，不应大于0.012。

（10）电气及安全要求

1）LED灯具的输入功率不应大于额定值的110%。当光输出100%时，功率因数不应小于0.9；防护等级不应小于IP65；安全性能应符合现行标准《灯具 第2-3部分：特殊要求 道路与街道照明灯具》GB 7000.203的规定。

2）调光LED灯具在50%光输出时，其驱动电源效率不应小于75%，且功率因数不应小于0.85。

3）灯具骚扰电压应符合现行国家标准《电气照明和类似设备的无线电骚扰特性的限值和测量方法》GB/T 17743的规定。谐波电流限值应符合现行国家标准《电磁兼容 限值 谐波电流发射限值（设备每相输入电流≤16A）》GB 17625.1的规定。电磁兼容抗扰度应符合现行国家标准《一般照明用设备电磁兼容抗扰度要求》GB/T 18595的规定。

4）电子控制装置应采用高压输出，输出电流不超过1.5A，并应符合现行国家标准《灯的控制装置 第14部分：LED模块用直流或交流电子控制装置的特殊要求》GB 19510.14的规定。

5）采用浪涌保护器的电压保护水平 U_p 输出值应小于控制装置的抗浪涌电压，且不应大于 2kV，接线应具有防误接措施。共模抗浪涌电压不应低于 10kV，并应符合现行国家标准《低压电涌保护器（SPD）第 11 部分：低压电源系统的电涌保护器　性能要求和试验方法》GB/T 18802.11 的规定。

（11）LED 灯具的寿命应不小于 50000h，在正常工作 6000h 的光通维持率不应小于 98％，在运行 25000h 内正常工作，年损坏率不应大于 1％。

3.1.2　光源选择

近年来伴随着 LED 技术的快速发展，LED 路灯的经济技术优势日益突出。以 LED 路灯效能不低于 150lm/W 计算，其他传统光源灯具效能 75lm/W，则通过推动 LED 照明产品的替换传统照明产品，通过加快推广 LED 路灯，逐步替换传统光源。LED 技术良好的可控特性使得智能照明进一步发展，真正实现"按需照明"，可在推广 LED 照明产品的同时，逐步建立城市照明数字化、智能化管理系统，有效提升城市照明管理的精细化管理水平，实现照明水平根据功能需求动态调节，进一步降低照明运行能耗。我国相关文件规定：到 2030 年，LED 等高效节能灯具使用占比超过 80％，30％以上城市建成照明数字化系统。因此，未来城市道路功能照明建设中应优先选择 LED 照明产品。

3.1.3　照明电器

道路照明使用的高压钠灯、金卤灯等高光效的气体放电光源，均要有镇流器、触发器、电容器等附件才能正常工作。

1. 镇流器

镇流器是一个耗能器件，同时对照明质量和电能质量有很大影响，因此，应给予关注。气体放电灯的镇流器主要分两大类：电感镇流器和电子镇流器。电感镇流器，包括普通型和节能型。

我国修订和制定的镇流器标准，包括安全要求、性能要求、特殊要求和能效标准。有关性能要求和能效限定值及节能评价值的标准名称和编号列于表 3-10。

镇流器性能标准和能效标准　　　　　　　　　　　表 3-10

名称	编号
管形荧光灯用镇流器　性能要求	GB/T 14044—2008
灯用附件　放电灯（管形荧光灯除外）用镇流器　性能要求	GB/T 15042—2008
管形荧光灯用交流和/或直流电子控制装置　性能要求	GB/T 15144—2020
普通照明用气体放电灯用镇流器能效限定值及能效等级	GB 17896—2022

普通的电感镇流器存在笨重、耗材、噪声大、功率因数低等缺点，已严重影响高效光源的利用。为此，建议采用节能型电感镇流器。用于城市道路照明或类似要求变更照度的场所，可选用双功率调光型镇流器，以便在后半夜车流量减少时，降低一半左右输出光通。一般可由 400W 调为 250W，250W 调为 150W，150W 调为 100W，技术数据详见表 3-11。100W 或以下因节能效果不明显，不建议再调光。

钠灯调光型电感式镇流器技术数据　　　　表 3-11

型号	光源功率（W）	电源电压（V）	工作电流（A）	启动电流（A）	总输入功率（W）	功率因数	温升（℃）	外形尺寸（L×W×H）（mm）	重量（kg）	电容量（μF）
NG150W-H	150	220	1.8	2.5	169	≥0.9	≤70	148×75×64	2.1	18
NG250W-H	250	220	3.0	4.0	282	≥0.9	≤70	148×75×64	3.2	30
NG400W-H	400	220	4.6	6.5	438	≥0.9	≤70	162×84×72	4.6	35

注：功率因数为补偿后数据；表中为源光亚明产品数据。

电子镇流器相比电感镇流器具有高效、节电、无噪声、功率因数高和电压范围宽等优点，特别对于 150W 或以下的小功率气体放电灯效果更佳。气体放电灯配用的电感式镇流器功率损耗占光源功率的 10% 以上，而配用电子镇流器功率损耗只占光源功率的 5% 左右，节能明显。另一方面，使用电子镇流器大大提高了线路的功率因数（大于 0.92），使线路的损耗大幅度降低，无需再配独立的电容器。高压钠灯、金属卤化物灯、陶瓷金卤灯用电子镇流器技术数据见表 3-12～表 3-14。

高压钠灯用电子镇流器技术数据　　　　表 3-12

型号	配光源功率（W）	电源电压（V）	工作电流（A）	启动电流（A）	总输入功率（W）	功率因数	温升（℃）	外形尺寸（L×W×H）（mm）	重量（kg）	总谐波含量（%）
NG70D01	70	220	0.35	<0.12	77	≥0.99	<65	170×78.5×45	0.65	≤10
NG100D01	100	220	0.49	<0.16	108	≥0.99	<65	170×78.5×45	0.65	≤10
NG150D01	150	220	0.73	<0.24	160	≥0.99	<65	194×120×52.5	0.95	≤10
NG250D01	250	220	1.20	<0.40	263	≥0.99	<65	194×135×64	1.25	≤10
NG400D01	400	220	1.92	<0.65	422	≥0.99	<65	226×135×64	1.45	≤10

注：表中为源光亚明产品数据。

金属卤化物灯电子镇流器技术数据　　　　表 3-13

型号	配光源功率（W）	电源电压（V）	输入电流（A）	总输入功率（W）	功率因数	外形尺寸（L×W×H）（mm）	重量（g）	总谐波含量（%）
HTM 70	70	220	0.27	74	0.99	108×52×33	110	<10
HTM 105	105	220	0.42	111	0.99	108×52×33	120	<10
HTM 150	150	220	0.57	157	0.99	153×54×36	200	<10

注：表中为欧司朗产品数据。

2. 触发器

高强气体放电灯的启动方式有内触发和外触发两种。灯内有辅助启动电极或双金属启动片的为内触发，外触发则利用灯外触发器产生高电压脉冲来击穿灯管内的气体使其启动。

电子触发器分为脉冲（半并联）和并联触发器，其值见表 3-15。

陶瓷/石英金卤灯电子镇流器技术数据 表 3-14

型号	配光源功率（W）	电源电压（V）	输入电流（A）	总输入功率（W）	功率因数	外形尺寸（L×W×H）（mm）	重量（g）	总谐波含量（%）
PTI 35	35	220	0.19	43	0.95	110×75×30	230	<15
PTI 70	70	220	0.35	80	0.95	110×75×30	230	<15
PTU 150	150	220	0.75	163	0.95	163×88×39	500	<15

注：表中为欧司朗产品数据。

电子触发器技术数据 表 3-15

型号	配光源功率（W）	峰值电压（kV）	最高功率损耗（W）	最高电缆电容（nF）	电缆最大长度（m）	最高温度（℃）	外形尺寸（L×W×H）（mm）
SN56	SON/MH400～1800	2.8～5.0	1	10	100	60	114.5×41×38
SN57	SON50～70	1.8～2.5	0.2	6	60	90	84.5×41×38
SN58	SON100～600	2.8～5.0	0.2	2	20	90	84.5×41×38
SN58	CDM/MH100～400	2.8～5.0	0.2	2	20	90	84.5×41×38
SN58T5	SON100～1000	2.8～5.0	0.7	2	20	80	84.5×41×38
SN58T15	CDM/MH35～1800	2.8～5.0	0.7	1	10	80	84.5×41×38
SI51	HPI250～1000	0.58～0.75	0.5	150	1500	80	84.5×41×38
SI52	HPI1000～2000	0.58～0.75	0.5	35	350	80	84.5×41×38

注：1. 表中 SN 系列为半并联，SI 系列为并联，电源电压均为 220～240V；
    2. 表中数据为飞利浦产品。

3. 补偿电容器

气体放电灯电流和电压间有相位差，加之串接的镇流器为电感性的，所以照明线路的功率因数较低（一般为 0.35～0.55）。为提高线路的功率因数，减少线路损耗，利用单灯补偿更为有效，措施是在镇流器的输入端接入一适当容量的电容器，可将单灯功率因数提高到 0.85～0.9。补偿电容器选用见表 3-16。

补偿电容器选用表 表 3-16

光源种类及规格		补偿电容量（μF）	工作电流（A）		补偿后功率因数
			无电容补偿	有电容补偿	
普通高压钠灯	50W	10	0.76	0.3	≥0.90
	70W	12	0.98	0.42	
	100W	15	1.24	0.59	
	150W	22	1.8	0.88	
	250W	35	3.1	1.40	
	400W	55	4.6	2.00	
	1000W	122	10.3	4.80	

续表

光源种类及规格		补偿电容量（μF）	工作电流（A）		补偿后功率因数
			无电容补偿	有电容补偿	
金属卤化物灯	150W	13		0.76	≥0.90
	175W	13		0.90	
	250W	18		1.26	
	400W	26		2.0	
	1000W	30		5.0	
	1500W	38		7.5	
荧光灯	18W	2.8	0.164	0.091	≥0.90
	30W	3.75	0.273	0.152	
	36W	4.75	0.327	0.182	

4. LED 驱动电源

LED 驱动电源指置于供电端和一个或多个 LED 模组之间，为 LED 模组提供额定电压或额定电流的装置。LED 驱动电源具有调节、控制、转换等功能。LED 驱动电源按输出类型可分为恒流型驱动电源和恒压型驱动电源。根据 LED 模组的伏安特性曲线，很小的电压变化会引起很大的电流变化，而电流增加将会导致 LED 模组的损坏。恒流型驱动电源多是作为灯具部件为灯具内的 LED 模组提供稳定电流驱动；而恒压型驱动电源则可以为多款直流 LED 灯具同时供电，提供稳定的电压驱动。LED 驱动电源的性能应符合现行国家标准《LED 模块用直流或交流电子控制装置　性能规范》GB/T 24825 的规定。

LED 灯启动时的峰值电流较大，会对供电系统及保护装置产生不利影响，有必要对驱动电源的启动冲击电流进行限制。启动冲击电流的影响主要取决于两方面因素，冲击电流的峰值大小和持续时间，而这两个参数与功率大小直接相关。冲击电流通常随功率增大而增大，但因 LED 灯功率相对比较小（75W 以下），过小功率的冲击电流限制，在技术上有一定难度。在照明实际应用中，LED 驱动电源应与 LED 灯或 LED 灯具匹配使用，其功率因数、谐波、骚扰特性、电磁兼容抗扰度等性能亦应与匹配使用的 LED 灯或 LED 灯具进行整体评价，满足相应要求，而选用 LED 灯具的启动冲击电流限值应符合表 3-17 的规定。

LED 灯具的启动冲击电流限值　　　　　　表 3-17

功率范围 P（W）	启动冲击电流峰值（A）	启动峰值电流与额定工作电流之比	持续时间（ms）
P<75	≤40	—	<1
75≤P<200	≤65	—	
200≤P<400	—	≤40	<5
400≤P<800	—	≤30	
P≥800	—	≤15	

注：持续时间按照峰值的 50% 计算。

由于 LED 驱动电源内的电解电容是影响灯具寿命的主要因素，而在高架路、高杆灯、隧道照明等灯具不宜更换作业的区域，可以将 LED 恒压直流电源安装在便于维护位置为灯具提供稳定直流电压，从而减少维护成本和风险。当采用 LED 恒压直流电源时，随着其负载率的下降，会出现功率因数和电源效率下降、谐波含量增加等问题。因此，从技术经济合理性角度来看，LED 恒压直流电源的负载率不宜过低，建议不小于 60%。同时考虑到 LED 恒压直流电源安装环境的不确定性，为避免因散热条件不佳而导致 LED 恒压直流电源表面温度过高，建议 LED 恒压直流电源的负载率上限不大于 80%，进一步提升 LED 恒压直流电源工作的安全性和可靠性。

现有 LED 恒压直流电源的功率因数、电流总谐波畸变率和效率等性能参数的主要影响因素包括电源的额定功率、负载率以及电源输入电路和输出电路之间的连接方式，设计人员可以参照表 3-18 根据工程实际合理地选择 LED 恒压直流电源，更好地提升照明系统的性能和能效。

LED 恒压直流电源的功率因数和效率 表 3-18

功率范围（W）	负载率（%）	功率因数	电流总谐波畸变率（%）	效率（%）	
				隔离式	非隔离式
$25<P\leqslant75$	80	≥0.92	≤15	≥85	≥92
	60	≥0.90	≤20	≥83	≥90
	50	≥0.90	≤25	≥80	≥87
$75<P\leqslant200$	80	≥0.96	≤10	≥88	≥95
	60	≥0.94	≤15	≥85	≥92
	50	≥0.90	≤20	≥83	≥90
$P>200$	80	≥0.96	≤10	≥90	≥96
	60	≥0.94	≤15	≥88	≥94
	50	≥0.90	≤20	≥85	≥91

为避免因为线路短路和过负荷导致输出电流过大带来的安全隐患，以及电源故障导致的输出电压过大对供电设备造成损坏，需要在 LED 恒压直流电源的输出端设置直流过电流保护（过负荷和短路保护）以及过电压保护等。同时，电源设备故障或环境散热条件不适当均可能引起电源温度过高，从而带来安全隐患，因此还需设置过温保护功能。

LED 恒压直流电源与 LED 灯或 LED 灯具间的安装距离对于供电电压的压降具有重要影响，IEC 相关标准建议采用非公网供电的低压直流照明系统线缆允许电压降控制在不大于 6% 内。设计人员可以按照设计供电电压的压降要求，参照表 3-19 和表 3-20 选取，根据供电电压、负载功率以及连接线缆截面面积等条件，合理确定 LED 恒压直流电源与 LED 灯或 LED 灯具的安装距离。

DC48V 线路电压损失百分数表（%） 表 3-19

序号	建议截面（mm²）	负载功率（W）	供电距离						
			20m	40m	50m	100m	150m	200m	250m
1	2.5	50	0.72	1.43	1.79	3.58	5.38	7.17	8.96
2	2.5	100	1.43	2.87	3.58	7.17	10.75	14.33	17.92
3	4	200	1.79	3.58	4.48	8.96	13.44	17.92	22.40

续表

序号	建议截面（mm²）	负载功率（W）	供电距离						
			20m	40m	50m	100m	150m	200m	250m
4	4	300	2.69	5.38	6.72	13.44	20.16	26.88	33.59
5	6	400	2.39	4.78	5.97	11.94	17.92	23.89	29.86
6	6	500	2.99	5.97	7.47	14.93	22.40	29.86	37.33

注：计算条件为：铜导体，电线工作温度70℃，电压偏差限值6%。

DC110V 线路电压损失百分数表（%） 表3-20

序号	建议截面（mm²）	负载功率（W）	供电距离				
			50m	100m	150m	200m	250m
1	2.5	300	2.05	4.09	6.14	8.19	10.23
2	4	500	2.13	4.26	6.40	8.53	10.66
3	6	1000	2.84	5.69	8.53	11.37	14.21
4	10	1500	2.56	5.12	7.68	10.23	12.79
5	16	2000	2.13	4.26	6.40	8.53	10.66
6	25	3000	2.05	4.09	6.14	8.19	10.23
7	25	4000	2.73	5.46	8.19	10.92	13.65
8	35	5000	2.44	4.87	7.31	9.75	12.18
9	50	8000	2.73	5.46	8.19	10.92	13.65
10	70	10000	2.44	4.87	7.31	9.75	12.18
11	95	14000	2.51	5.03	7.54	10.06	12.57
12	120	18000	2.56	5.12	7.68	10.23	12.79
13	120	20000	2.84	5.69	8.53	11.37	14.21
14	150	22000	2.50	5.00	7.51	10.01	12.51
15	185	30000	2.77	5.53	8.30	11.06	13.83
16	240	36000	2.56	5.12	7.68	10.23	12.79

注：计算条件为：铜导体，电线工作温度70℃，电压偏差限值6%。

3.2 道路照明灯具、灯杆

3.2.1 道路照明灯具

道路照明通常采用的常规照明灯具或投光灯具主要包括灯具外壳、控光反射器、密封件、透明灯罩、固定件等。灯具一般分为灯室和点灯附件室，灯室内有灯头、光源、反光器，点灯附件室内安装镇流器、触发器和补偿电容等。灯具的构造必须在机械强度、电气绝缘性和抗腐蚀性等方面达到国际电工委员会以及我国相关标准的要求。

道路照明灯具的材料主要有金属、塑料和玻璃。金属材料主要包括冷轧钢板和铝材，冷轧钢板主要用于灯具的壳体制造，它具有强度高、加工性能好的特点，经过表面处理，可有镀锌钢板、镀铝钢板、镀铜钢板等。铝材的质地较轻，易于加工，外表美观，而且反光性能好，所以铝材既可用做灯具壳体制造，又是制作反射器的主要材料。

塑料材料主要是一些聚酯树脂类塑料，其透光性能好、易于加工、安装方便。主要的缺点是耐老化性能和抗冲击性能较差。目前，有一种增强塑料（FRP），它是用玻璃纤维作为增强剂的不饱和树脂材料，具有良好的机械性能，而且耐水性、耐酸性、耐热性都较好，被广泛用于道路照明灯具的外壳制作。

玻璃具有良好的透光性和耐候性，所以也被广泛用于道路照明灯具透光罩的制作。用于灯罩制作的玻璃必须具有良好的耐冲击性能，而且应避免破碎后伤人，目前能够满足要求的玻璃品种有钢化玻璃、硼硅酸玻璃、结晶玻璃等。

1. 道路照明灯具分类

（1）按用途分类

道路照明灯具按用途可分为功能性灯具和装饰性灯具两大类，见表3-21。

道路照明灯具按用途分类　　　　　　　　表3-21

类型	图例	说明	适用场所
功能性灯具		灯具内装有控光部件（反光器或折光器），以便重新分配光源通量，使光配合道路照明要求，光的利用率得以提高，眩光也受到限制。此类灯具也有一定的装饰效果	常用于一般道路、大型广场、停车场及立体交叉等场所的照明
装饰性灯具		一般采用装饰性透光部件围绕光源组合而成。以造型美观、美化环境为主，并适当兼顾效率和限制眩光等要求	一般多用于庭院、商业街道的照明，人行道、艺术效果要求高的广场也可以采用

（2）按防触电等级分类（表3-22）

Ⅰ类灯具：具备基本绝缘，同时具备保护（接地）连接的灯具。Ⅱ类灯具：不仅具备基本绝缘，还具备双重绝缘或加强绝缘，不采用保护（接地）连接的灯具。Ⅲ类灯具：采用安全特低电压（SELV）供电，且灯具内部可能出现的电压低于安全特低电压。

灯具的防触电保护分类　　　　　　　　表3-22

灯具分类	灯具主要性能	应用说明
0类	保护依赖基本绝缘——在易触及的部分及外壳和带电体间绝缘	使用安全程度高的场合，且灯具安装、维护方便，如空气干燥、尘埃少、木地板等条件下的吊灯、吸顶灯
Ⅰ类	除基本绝缘外，易触及的部分及外壳有接地装置，一旦基本绝缘失效时，不致有危险	用于金属外壳灯具，如投光灯、路灯、庭院灯等，提高安全程度
Ⅱ类	除基本绝缘，还有补充绝缘，做成双重绝缘或加强绝缘，提高安全	绝缘性好，安全程度高，适用于环境差、人经常触摸的灯具，如台灯、手提灯等

续表

灯具分类	灯具主要性能	应用说明
Ⅲ类	采用特低安全电压（交流有效值＜50V），且灯内不会产生高于此值的电压	灯具安全程度最高，用于恶劣环境，如机床工作灯、儿童用灯、水下灯、装饰灯等

（3）按防护等级分类

根据现行国家标准《外壳防护等级（IP 代码）》GB/T 4208 和《灯具　第 1 部分：一般要求与试验》GB 7000.1 将灯具按防尘、防固体异物和防水等级分类。灯具的防尘性能分成 6 级，防水性能分成 8 级。灯具的防尘、防水等级由特征字母 IP 后跟 2 位数字表示，即 IPXX。其中，第一位数字表示防尘等级，第二位数字表示防水等级，见表 3-23。

防护等级特征字母 IP 后面特征数字的含义 表 3-23

第一位特征数字	防护等级	
	简短说明	含义
0	无防护	没有专门防护
1	防大于 50mm 的固体物	人体某一大面积部分，如手（但对有意识的接近并无防护），直径超过 50mm 的固体物
2	防大于 12mm 的固体物	手指或长度不超过 80mm 的类似物，直径超过 12mm 的固体物
3	防大于 2.5mm 的固体物	直径或厚度大于 2.5mm 的工具、电线材等，直径超过 2.5mm 的固体物
4	防大于 1mm 的固体物	厚度大于 1mm 的线材或片条，直径超过 1mm 的固体物
5	防尘	不能完全防止灰尘进入，但进入量不足以妨碍设备正常运转的程度
6	尘密	无灰尘进入
第二位特征数字	防护等级	
	简短说明	含义
0	无防护	没有特殊防护
1	防滴	垂直滴水无有害影响
2	15°防滴	当外壳从正常位置倾斜在 15°以内时，垂直滴水无有害影响
3	防淋水	与垂直成 60°范围以内的淋水无有害影响
4	防溅水	任何方向溅水无有害影响
5	防喷水	任何方向喷水无有害影响
6	防猛烈海浪	猛烈海浪或强烈喷水时，进入外壳水量不致达到有害程度
7	防浸水影响	浸入规定压力的水中经规定时间后进入外壳水量不致达到有害程度
8	防潜水影响	能按制造厂规定的条件长期潜水

注：第二位特征数字为 7，通常指水密型。第二位特征数字为 8，通常指加压水密型。水密型灯具未必适合于水下工作，而加压水密型灯应能用于这样的场合。

（4）按灯具光学特性分类

道路照明灯具光学特性按以下类型分类。

1）截光类型分为：

全截光型灯具：灯具的光强出射方向在与灯具向下垂直轴线夹角 90°及以上，灯具发出光强为 0，在 80°时灯具发出的光强小于或等于 100cd/1000lm 或 10%的最大光强为 1000lm。

截光型灯具：灯具的最大光强方向与灯具向下垂直轴夹角在 0°～65°，90°角和 80°角方向上的光强最大允许值分别为 10cd/1000lm 和 30cd/1000lm。且不管光源光通量的大小，其在 90°角方向上的光强最大值不得超过 1000cd。

半截光型灯具：灯具的最大光强方向与灯具向下垂直轴线夹角在 0°～75°，90°角和 80°角方向上的光强最大允许值分别为 50cd/1000lm 和 100cd/1000lm 的灯具，且不管光源光通量的大小，其在 90°角方向上的光强最大值不得超过 1000cd。

非截光型灯具：灯具的最大光强方向不受限制，90°角方向上的光强最大值不得超过 1000cd。

2）纵向光分布类型分为（图 3-2）：

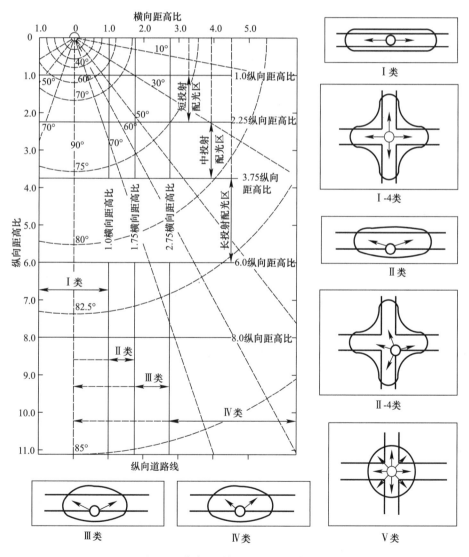

图 3-2　道路照明灯具的光学性能分类

95

短投射配光：灯具配光的最大光强落在图 3-2 的 1.0 纵向距高比和 2.25 纵向距高比所组成的短投射配光区内，两灯具之间的最大安装距离通常小于安装高度的 4.5 倍。

中投射配光：灯具配光的最大光强落在图 3-2 的 2.25 纵向距高比和 3.75 纵向距高比所组成的中投射配光区内，两灯具之间的最大安装距离小于安装高度的 7.5 倍。

长投射配光：灯具配光的最大光强落在图 3-2 的 3.75 纵向距高比和 6.0 纵向距高比所组成的长投射配光区内，两灯具之间的最大安装距离小于安装高度的 12 倍。

3）光分布类型分为（图 3-2）：

Ⅰ类灯具配光的二分之一最大等光强曲线落在图 3-2 的纵向短投射配光区或中投射配光区或长投射配光区以 1.0 屋边横向距高比和 1.0 路边横向距高比为边界的宽度范围内，并且灯具配光的最大光强落在此范围内。

Ⅰ—4 类灯具的配光的 4 个光束的宽度是按照Ⅰ类的定义。

Ⅱ类灯具路边配光在最大光强落入的纵向短投射配光区或中投射配光区或长投射配光区范围内的二分之一最大等光强曲线和图 3-2 的 1.75 路边横向距高比线不能相交。

Ⅱ—4 类灯具路边配光的 4 个光束的宽度是按照Ⅱ类的定义。

Ⅲ类灯具路边配光在最大光强落入的纵向短投射配光区或中投射配光区或长投射配光区范围内二分之一最大等光强曲线部分的或全部的超过图 3-2 的 1.75 路边横向距高比线，但和 2.75 路边横向距高比线不能相交。

Ⅳ类灯具路边配光在最大光强落入的纵向短投射配光区或中投射配光区或长投射配光区范围内二分之一最大等光强曲线部分的或全部超过图 3-2 的 2.75 路灯横向距高比线。

Ⅴ类灯具配光曲线以灯具的光中心轴旋转对称。

2. 灯具生产厂商应提供的技术资料

必须强调生产厂商提供的灯具资料，应是经测试的、能代表所供灯具性能的真实资料。

（1）配光曲线图和灯具效率

根据配光曲线图和灯具效率可初步确定是否适用于道路照明。

（2）正弦等光强图、等照度曲线图和利用系数曲线图

利用系数曲线图可用来计算平均照度，正弦等光强图和等照度曲线图可以用来计算点照度，进而算出均匀度。

（3）灯具的光强表，或灯具的道路照明计算软件或灯具的插件

用于设计时计算平均照（亮）度、均匀度和眩光控制等。

（4）灯具的防护等级

用于确定灯具光衰速率，是否经久耐用。

（5）灯具的重量和迎风面积

在设计时用来计算灯杆的受力情况。

3. 灯具的选择

灯具选择得好坏直接影响到道路照明工程质量和运行维护管理的经济效益，当我们对灯具的主要结构、特性和技术指标（表 3-24～表 3-26）了解之后，应根据城市照明实际需求选择灯具：

（1）城市机动车道：快速路、主干路必须采用截光型或半截光型灯具；次干路应采用

半截光型灯具；支路宜采用半截光型灯具。

（2）商业区步行街、人行道路、人行地道、人行天桥以及有必要单独设灯的非机动车道宜采用功能性和装饰性相结合的灯具。当采用装饰性照明灯具时，其上射光通量比不应大于 25%。且机械强度应符合现行国家标准《灯具　第 1 部分：一般要求与试验》GB 7000.1 的规定。

（3）采用高杆照明时，应根据场所的特点，选择具有合适功率和光分布的泛光灯或截光型灯具。

（4）为了提高灯具的反射效率，应采用密封型灯具，光源腔的防护等级不应低于 IP54。环境污染严重、维护困难的道路和场所，光源腔的防护等级不应低于 IP65。灯具电气腔的防护等级不应低于 IP43。

（5）空气中酸碱等腐蚀性气体含量高的道路或场所宜采用耐腐蚀性能好的灯具。

（6）通行机动车的大型桥梁等易发生强烈震动的场所，采用的灯具应符合现行国家标准《灯具　第 1 部分：一般要求与试验》GB 7000.1 所规定的防震要求。

（7）无极荧光灯因为工作于高频，灯具必须通过电磁干扰测试，否则会对电网以及附近用电器产生干扰。

（8）选择灯具时，在满足灯具相关标准以及光强分布和眩光限制要求的前提下，常规道路照明灯具效率不得低于 70%；泛光灯效率不得低于 65%。

（9）灯具应设计合理，整体考虑节能性和经济性，防止灯具散热性能不好而缩短光源和电器的寿命。

传统光源常规灯具　　　　　　　　　　　　　　　　　　　　表 3-24

序号	名称	技术要求说明	备注
1	灯体	灯体采用优质铸铝，高压压铸成型，壳体平均厚度不小于 2.5mm，保证灯具具有足够的强度和刚度。尺寸不小于 340mm（宽）×370mm（高）×120mm（厚）（以上尺寸不含支架部分）	
2	灯罩	灯具的灯罩采用平面或曲面钢化玻璃罩，厚度不小于 4mm，透明度、强度需达到有关规定要求	
3	反光器	采用优质阳极氧化高纯度铝板，经液压一次成型，表面阳极氧化处理	
4	灯具表面处理	灯具表面采用聚酯静电喷涂或金属烤漆，保证耐高温、耐腐蚀、耐老化，颜色根据用户要求提供	
5	光源	光源采用高光效高压外触发钠灯。初始流明：70W≥6500、100W≥10300、150W≥17200、250W≥32800、400W≥56000	
6	配套电器	采用节能型电感镇流器，为知名品牌产品，标准为欧标，并通过我国 3C 认证，功率因数应不小于 0.9（提供国家级相关检测报告）	
7	电气绝缘等级	达到 I 级或以上等级	
8	防护等级	密封光学系统，防护等级≥IP65	
9	灯具的光学系统	灯具效率应不小于 75%，投标单位应提供配光曲线图及相关参数（提供国家级以上质检部门的测试报告为准）	
10	机械性能	灯具的各部分均应有足够的强度和刚度，能满足相应荷载的要求，采用不锈钢夹扣	

序号	名称	技术要求说明	备注
11	耐热性能	灯具应具有良好的耐热和散热性能，能确保光源维持其正常的工作温度，令其处于最佳的工作状态，也可以延长反光器等部件的使用寿命	
12	外观、安装及维护要求	外观应选择抗强风流线型外观设计；一体化电器组件设计，操作简单，灯具无需工具开启，维修方便	
13	质量标准	设计和制造符合相关规定	
14	品牌标识	灯体上有厂家的压铸品牌标识及其他防伪标识	
15	系统设备的设计、制造及铭牌、标志	系统设备及其辅助装置的铭牌、使用标示、警告指示应以中文或易懂的通用符号来表示。应准确无误地表示设备之型号、规格	

传统光源庭院灯具　　　　　　　　　　　　　　　　　　表 3-25

序号	名称	技术要求说明	备注
1	灯具质量标准	符合相关标准（须持有国家地市级以上质检机构的正式质检报告，进口产品具有国际质量测试认证）	
2	灯具防护等级	要求光学部分为≥IP55，灯具为光源电器一体化	
3	灯具外壳与结构强度	灯体全部为符合102等级的高强铝合金压铸成型，灯具强度确保能承受35m/s的风速	
4	反射器（若有配置，则按此标准执行）	一次成型高纯铝（纯度≥99.8%）反射器，并经抛光和阳极氧化处理，反光器板厚≥1.0mm，表面无任何划痕及裂纹，高反光率	
5	透光罩	高强度PC聚碳酸酯，厚度≥2.5mm，抗冲击，耐高温	
6	配套光源	光源须选用欧标产品，且为高光效光源	
7	配套电器	电器配置技术性能先进，镇流器为电感式节能型	
8	功率因数	≥90%	
9	电气安全等级	达到Ⅰ级或以上等级	
10	机械性能	灯具的各部分均应有足够的强度和刚度，确保能满足深圳地区风荷载和其他相应荷载的要求	
11	灯具表面防腐及颜色	采用优质品牌纯聚酯粉喷塑或采用高级金属漆涂装，颜色按指定要求	
12	灯具外观及造型	外观平整、无毛刺，线条流畅、明快；外观造型须严格按照招标项目要求方案造型	
13	灯具开启及维护的便利性	开启及维护操作便捷，结构合理	
14	灯具接线，紧固件、其他内置件	所有紧固附件为不锈钢制成，内置所有钢件均作热浸锌或喷塑防腐处理；所有导线均为阻燃耐高温硅橡胶线，布线整齐合理	

LED 灯具　　　　　　　　　　　　　　　　　　　　　　表 3-26

序号	名称	技术要求说明	备注
1	灯具光效	应符合相关的标准规定	
2	色温	3500～4500K	
3	显色指数	≥70	

续表

序号	名称	技术要求说明	备注
4	配光	配光合理，为截光或半截光类型	
5	功率因数	60W 或以上产品≥0.95	
6	安全性能	符合现行国家标准《灯具 第2-3部分：特殊要求 道路与街路照明灯具》GB 7000.203 的要求	
7	防护等级	IP66/IP69	
8	防触电保护形式	达到Ⅰ级或以上等级	
9	电磁兼容	输入谐波电流符合相关要求	
10	电源	质量优良，稳定性好，恒流恒压，输入电压 220AC（50Hz），电压波动范围±20%，频率波动范围±2%；电源模组用防水插接接头在电器腔内与 LED 模组灯线连接，预留调光接口，采用1～10V 调光方式；取得国际或国内的质量或安全认证	
11	灯体	灯体采用优质铸铝（或铝合金），高压压铸成型，保证耐高温、耐腐蚀、耐老化；有独立的电器腔用于安装电源；表面静电喷涂	
12	灯罩	灯具的灯罩采用耐高温 PC 或钢化玻璃，透明度、强度需达到有关规定要求（采用灯罩和透镜一体化设计的无此要求）	
13	透镜（或反射器）	透镜材料稳定性好、折射率高（反射器为高纯阳极氧化铝或镀膜、反射率高）	
14	散热	散热设计合理、有效，性能良好	
15	机械性能	灯具的各部分均应有足够的强度和刚度，能满足相应荷载的要求，紧固件采用不锈钢等高强度耐腐蚀材料	
16	外观、安装及维护要求	外观应选择抗强风流线型外观设计；一体化电器组件设计，操作简单，灯具无需工具开启，维修方便	
17	品牌标识和系统设备的设计、制造及铭牌、标志	灯体上有厂家的品牌标识；系统设备及其辅助装置的铭牌、使用标示、警告指示应以中文或易懂的通用符号来表示，应准确无误地表示设备之型号、规格	
18	质量标准	设计和制造符合相关规定	

3.2.2 道路照明灯杆

1. 道路照明灯杆分类和形式

（1）灯杆分类

道路照明所用的灯杆可分为：常规灯杆、中杆、高杆。常规灯杆根据材质可分为木质杆、钢筋混凝土杆、钢质灯杆、铝合金灯杆和玻璃钢灯杆；中杆、高杆照明的灯杆以钢质为主。装饰性庭院灯多用铝合金灯杆、铸铝或铸铁灯杆等。杆顶上的灯臂（架）有单挑、双挑和多臂架等形式。道路照明使用最广泛的是钢质灯杆，其优点是美观、坚固、耐用。

（2）灯杆形式

灯杆的结构形式可分：圆锥形杆、多边锥形杆、变径杆、等径杆、多功能杆。圆锥形和多边锥形杆结构简洁、安装方便、实用，是道路照明首选的结构形式。

（3）灯杆材质

灯杆材质可分为：钢质、铝合金、玻璃钢和木质四大类。锥形钢质灯杆的优点是结构合理，外形新颖美观，施工安装方便。

（4）灯杆附件

1）钢质灯臂（架）分为单挑臂架、双挑臂架、多挑臂架几种。灯臂是安装照明器的主要部件，臂架直径的尺寸根据灯臂悬挑的长度和照明器的安装口径确定。灯杆、灯臂一次成形的单挑灯杆，配照明器的接口钢管可另行焊接。灯臂的仰角必须根据道路的宽度、灯的间距设计计算确定，一般在 $5°\sim15°$。

2）灯杆检修门内有电器件、电缆接线头和熔断器等器件，该门框的尺寸大小、离地高度按经验确定。考虑灯杆的强度，门框要补强，要保证安全，又要安装、维护方便，更要考虑检修门锁的防盗功能。

3）灯杆混凝土基础现浇或预制混凝土基础采用的地脚螺栓必须热镀锌，混凝土应符合现行标准《混凝土结构工程施工质量验收规范》GB 50204 的要求。在安装基础时，法兰盘须保持水平，灯杆校正后，将基础法兰盘用混凝土包封，应有散水坡面，包封厚度≥100mm。

4）灯杆保护接地按设计施工图与基础同时施工，保护接地电阻应小于 10Ω。

（5）灯杆通用要求

灯杆的金属配件应采用不锈钢、热镀锌钢构件等防腐材料，紧固件应有防腐和防松措施。灯杆配件材质宜选用铝合金、不锈钢等质量轻、防腐性能好的材料。灯杆与灯臂间连接应具有防松动、转动的措施。灯杆内应设置专用接地端子，接地端子标识应符合现行标准《电气设备用图形符号　第2部分：图形符号》GB/T 5465.2 的规定。灯杆应设置检修门，并应符合灯杆抗风强度的设计要求。

2. 灯杆的技术要求

（1）钢质灯杆

1）灯杆长度 13m 及以下的宜一次成型，自动或半自动埋弧焊应满足三级及以上焊缝的要求。锥形杆体焊接可有一条纵向焊缝，不应有横向焊缝。

2）灯杆的插接深度应大于插接处大口直径或大口对边尺寸的 1.5 倍。灯杆插接配合最大间隙不应大于 2mm。

3）变径杆和等径杆的杆体拼接处应在灯杆内加衬套，长度不应小于 300mm，壁厚不应小于灯杆壁厚。

4）圆锥形灯杆锥度宜为 12‰，横截面圆度偏差不应大于 1‰，直径偏差不应大于 ±1.5mm。

5）多边形锥形杆的对边距或对角线距偏差不应大于 ±1‰。

6）灯杆直线度偏差不应大于 1‰，变径杆或插接式灯杆直线度偏差不应大于 3‰，灯杆长度偏差宜为杆长的 ±0.2%，灯杆单节杆端面扭转角偏差不应大于 4°。

7）灯臂制弯后应圆滑过渡，表面不应有损伤、褶皱和凹面，划痕深度不应大于 0.5mm。灯臂椭圆度不应大于管外径的 10%，褶皱不应大于 2mm。

8）无负载情况下，灯臂仰角的偏差不应大于 ±1°。灯臂轴与灯杆垂直线之间的角度不应大于 ±2°。

9）灯臂与灯杆主体应采用上套接，并有紧固装置，套接深度不应小于 200mm。

10）灯杆的过线孔和法兰盘孔应打磨光滑，无毛刺、无锐边。

11）在多功能灯杆杆体底部可设置智慧控制传感器、交换机、充电桩等电器安装箱体，箱体高度不宜高于 1800mm，长宽不宜大于 450mm；箱体、箱体与灯杆连接处应满足抗风强度要求。

12）灯杆检修门（口）应采用等离子、激光和线切割等工艺加工，切割断面整齐光滑、无毛刺。门框开口处应符合灯杆抗风强度的要求；门（口）框下沿离地距离不宜低于 500mm，允许偏差宜为 ±5mm；门板应具有互换性，门内应设置电器安装空间和接地螺栓，并设有专用工具开启的闭锁装置；框与门板的配合间隙不应大于 1.5mm，具备良好的防水性能；门（口）孔的宽度不应大于灯杆开孔处最大周长的 1/4。

13）钢质灯杆焊接质量：

① 纵向焊缝为 60% 熔透焊，外形应均匀、成型较好，焊道与焊道、焊缝与基本金属间圆滑过渡、无虚焊，焊渣和飞溅物应清理干净。

② 灯杆高度在 15m 及以上的应采用插接式灯杆焊接，且应符合现行规程《高杆照明设施技术条件》CJ/T 457 的规定。

③ 焊缝在任意 25mm 长度内，焊缝表面凹凸偏差不应大于 2mm。焊缝在任意 500mm 长度内，焊缝宽度偏差不应大于 4mm。在整个长度内不应大于 5mm。整体焊缝焊接要求达到三级焊缝标准。

④ 焊缝及热影响区不应有裂纹未熔合和夹渣、弧坑未填满等缺陷。表面咬边深度不应大于 0.5mm，咬边连续长度不应大于 100mm，焊缝两侧咬边的总长度不应大于焊缝长度的 10%。

⑤ 影响镀锌质量的焊缝缺陷应修磨或补焊，且补焊的焊缝应与原焊缝间保持圆滑过渡。

（2）铝质灯杆

1）铝质灯杆型材应符合现行标准《铝及铝合金挤压型材尺寸偏差》GB/T 14846 的规定。

2）焊缝质量：杆体与法兰盘焊接前，应进行胀管处理，胀管的范围不应小于底部管径的 1/2。焊缝应表面光滑，无尖锐边角、溅渣、夹渣。对接焊缝的焊喉和角焊缝的尺寸、焊脚长度不应小于规定的尺寸，杆体焊缝中局部允许有 0.5mm 的缺陷。外部焊角不应小于 110°。焊缝表面不应出现裂缝、叠焊，封闭的不连续孔不应影响表面保护。

3）旋压式铝合金灯杆：杆体直径允许偏差为 ±2mm。杆体长度允许偏差为 0.2%。圆管 12m 及以下一次旋压成形，应整体无焊缝，变径过渡自然无棱角，杆体旋压后厚度允许偏差 ±10%，横截面不圆度偏差 ±0.3mm。杆体直线度偏差应小于 3‰。

4）铝制零件制弯后边缘应圆滑过渡，表面不应有损伤和凹面，褶皱不应大于 2mm，划痕深度不应大于 0.5mm。灯臂的椭圆度不应大于 10mm。

5）杆体出线孔、底法兰盘打磨光滑，无毛刺。

（3）木质灯杆

1）杆体顶部的壁厚不应小于 20mm。杆体应与地面隔离，底座高度不应小于 200mm。

2）木材的含水率：杆体木材含水率不应大于 25%，层板胶合木杆含水率不应大于 15%，且各层木板间的含水率差别不应大于 5%。

3）宜采用钢质或铝合金底座，并符合钢质或铝合金灯杆制作的技术要求。

4）杆体及连接件可采用细密、直纹、无节和无缺陷的材质。

5）灯臂可以采用木灯臂、铝合金灯臂以及钢灯臂。木构件经防腐、防虫处理后，应避免重新切割或钻孔。

（4）玻璃钢灯杆

1）灯杆表面应平滑、无凹凸不规则和纤维外露痕迹等缺陷。

2）灯杆全长直线度允许偏差不应大于 3‰。灯杆垂直度与法兰盘平面的夹角允许偏差应符合钢质灯杆第 8）条的规定。灯杆检修门应符合钢质灯杆第 11）条的规定。

3）灯杆单灯臂端点扭力应承受荷载 1.5 倍风力作用，灯臂与杆体应无损伤，无开裂（对称型灯臂可不测试扭力）。灯杆单灯臂端点之扭力和灯杆在端点水平拉力与位移应符合国家相关标准的规定。

（5）15～20m 以下灯杆避雷针的接地应符合下列规定：

1）避雷针与引下线之间的连接应采用焊接或螺栓连接，紧固件均应使用镀锌制品。

2）装有避雷针的金属灯杆，杆体可作避雷针的引下线。

3）避雷针应用圆钢或钢管制成，其直径不应小于下列数值：圆钢 25mm；钢管 40mm，壁厚不应小于 2.75mm，避雷针的避雷覆盖区域应确保灯具在其保护范围内。

4）灯杆和灯臂裸露金属部件与接地端子之间应有可靠的电气连接。端子固定螺栓规格不应小于 M8。

3. 灯杆的防腐处理

（1）钢质灯杆热浸镀锌防腐处理

1）热浸镀锌层表面应平滑，无滴瘤、粗糙和锌刺，无起皮、漏镀和残留的溶剂渣，在可能影响热浸镀锌工件的使用或耐腐蚀性能的部位不应有锌瘤和锌渣。

2）杆体或工件的钢材厚度大于等于 3mm 且小于 6mm 时，镀层局部厚度不应小于 $65\mu m$，平均厚度不应小于 $70\mu m$；钢材厚度大于等于 6mm 时，镀层局部厚度不应小于 $70\mu m$，平均厚度不应小于 $85\mu m$。

3）锌层与灯杆基体应结合牢固，经锤击等试验锌层不剥离，不凸起；热浸镀锌完毕后宜进行钝化处理，要求 48h 盐雾试验合格。

（2）铝制灯杆杆体防腐处理

1）可采用喷塑、阳极氧化、氟碳喷涂等处理方式。

2）直埋式杆体地面以下部分，可采用高密度聚氯乙烯（HDPE）缠带，缠绕杆体表面进行保护。

3）杆体采取氧化工艺，应光泽均匀，氧化膜厚度的平均值不应小于 $12\mu m$，最小点不应小于 $10\mu m$。

4）无表面处理或氧化表面处理的灯杆底法兰以上 200mm 宜刷焦油环氧树脂漆。

（3）木制灯杆防腐处理

1）木制灯杆的油漆应采用延展性好的表面涂覆材料，涂层不少于 5 次。

2）为保证油漆充分浸入木材表面，宜采用手工涂刷，保证涂刷质量。

3）刷漆施工应在天气状况良好的情况下进行，宜在环境温度 12～16℃ 下进行。

（4）喷漆工艺

1）喷漆环境温度宜为 5～38℃，相对湿度不应大于 85%，雨天或构件上结露时，禁止作业。喷漆后 4h 内严禁淋雨。

2）喷漆涂层表面应光滑均匀，不应有基底外露、挂漆及皱褶，喷漆厚度不应小于 $150\mu m$。涂层的划格试验应达到现行标准《色漆和清漆 划格试验》GB/T 9286 检查结果分级表中 1 级的规定。

3）玻璃钢灯杆表面涂层应具有抗紫外线（UV）性能。人工加速老化 96h 杆体表面涂层粉化不应大于 1、失光不应大于 1，并符合现行标准《色漆和清漆 人工气候老化和人工辐射曝露 滤过的氙弧辐射》GB/T 1865 和《色漆和清漆 涂层老化的评级方法》GB/T 1766 的规定。

（5）喷塑工艺

1）喷塑应采用优质户外纯聚酯塑粉，能抗强紫外线。涂层外观应平整光洁，无金属外露、皱褶、细小颗粒和缩孔等缺陷。

2）涂层厚度的平均值不应小于 $60\mu m$，且最薄处不应小于 $40\mu m$，在沿海或重盐污染区域环境，涂层厚度不应小于 $80\mu m$。

3）涂层的硬度不应低于 2H，并应符合现行标准《色漆和清漆 铅笔法测定漆膜硬度》GB/T 6739 的规定。冲击强度不应小于 $50kg/cm^2$，并符合现行标准《漆膜耐冲击测定法》GB/T 1732 的规定。涂层的划格试验应达到现行标准《色漆和清漆 划格试验》GB/T 9286 中检查结果分级表中 1 级的规定。

（6）防腐处理修整

1）热浸镀锌灯杆修整的总面积不应大于镀件总面积的 0.5%，且每个修复镀锌面不应大于 $10cm^2$。修复区域内的涂层厚度应比镀锌层最小平均厚度加厚 $30\mu m$ 以上。

2）其他金属构件的修整部位不应大于整个表面积的 5%。

3）玻璃钢灯杆、木质灯杆喷漆涂层修整的总面积不应大于整个表面积的 5%。

4. 路灯的适用场所

路灯，顾名思义就是安装在道路边上的灯，其名路灯。路灯由灯具（灯罩）、灯臂、灯杆、光源电器等组成，按其照明功能和适用场所又分为：功能性路灯、装饰性路灯、功能性装饰路灯、高杆灯和悬索路灯五大类（图 3-3～图 3-5）。道路照明灯具的设置方式和使用场所，一般按城市道路结构形式、宽度、车辆和行人的交通流量来确定，对于高架立体交叉、弯道、险道、绿树成荫和大型广场就比一般的直道连续照明复杂得多，照明要求也高得多。因此，对道路照明灯具的要求，是需在道路照明设计时认真考虑和对待的问题。下面主要介绍几种典型的道路照明方式和采用的灯具适用场所。

（1）功能性路灯：有杆顶式、单挑式和双挑式三种，灯杆布置在道路的绿化带或路肩上，这种路灯适用各种交通道路。

（2）装饰性路灯：有柱顶式、组合装饰型、树枝型式等。此类灯具一般采用装饰性材料围绕光源组合而成，它以优美的造型美化环境，并适当顾及灯具效率和限制眩光等要求。由于装饰性灯具种类规格繁多，适用于步道、庭院、游览风景区的人行道，以及公园内的道路照明。

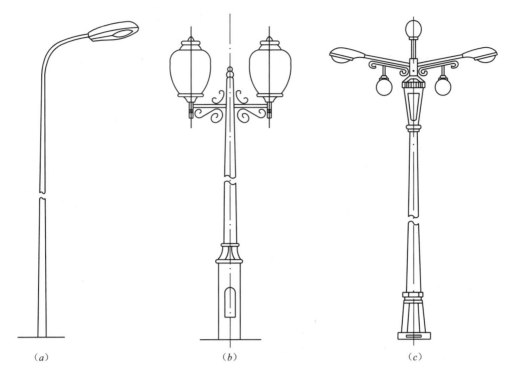

图 3-3 路灯按用途分类

(a) 功能性灯具（常规道路照明灯具）；(b) 装饰性灯具（庭院灯具）；(c) 功能性装饰灯具

（3）功能性装饰路灯：其形式分灯臂放射型、灯杆组合型、半高杆照明等多种形式。这种路灯除具有功能性特征外，灯具的造型、结构根据不同的场所和使用功能、不同的地理环境与装饰艺术融为一体，既点缀美化市容，又达到了良好的照明效果。适用于广场及交叉路口中央绿岛，也可用于较宽阔道路的快慢车道的隔离带上。

（4）高杆灯（杆高≥20m）一般用于大面积广场、立体交叉路口、停车场、车站码头等场所的照明，见图 3-4。可按安装现场实际情况选择平面对称、径向对称和非对称三种灯具配置方式。布置在宽阔道路及大面积场地周边的高杆灯宜采用平面对称配置方式；布置在场地内部或车道布局紧凑的立体交叉的高杆灯宜采用径向对称配置方式；布置在多层大型立体交叉或车道布局分散的立体交叉的高杆灯宜采用非对称配置方式。对各种灯具配置方式，灯杆间距和灯杆高度均应根据灯具的光度参数计算确定。灯杆不宜设置在路边易于被机动车刮碰的位置或维护时会妨碍交通的地方。

（5）悬索式路灯（吊灯）：悬索式路灯分纵向悬索型和横向悬索型两种（图 3-5）。

悬索式路灯与传统路灯系统相比，其优点是容易获得良好的路面照度（亮度）均匀度，尤其在潮湿路面更有利于纵向均匀度的提高，有利于限制眩光，易于显现路面上的标志和障碍物，具有良好的诱导性。悬索式路灯适用于设在中间隔离带，路面较宽并要求照明水平高的道路，将灯杆设置在中间隔离带。而横向悬索路灯方式有利于解决由于树木茂密易于受遮光影响的街道，在道路两侧的建筑物上固定钢缆做悬索路灯，与传统方式路灯相比，结构简单、易于安装、免开挖管线，一次性投资费用也较省。

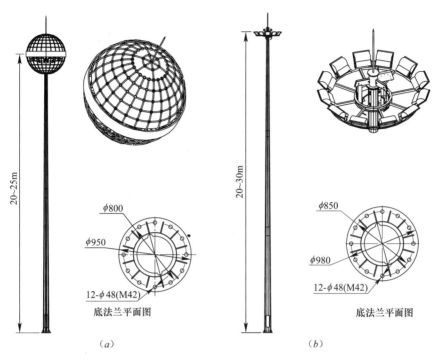

图 3-4　高杆灯形式

（a）密闭形高杆灯；（b）敞开形高杆灯

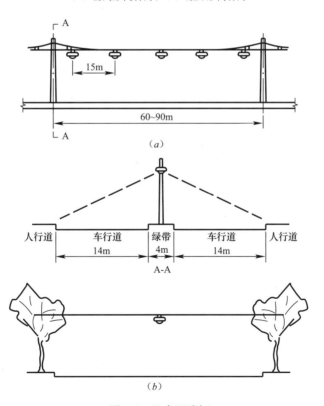

图 3-5　悬索型路灯

（a）道路纵向悬索型；（b）道路横向悬索型

（6）低位照明指灯具安装于比较低矮的护栏或防撞墙，用于照亮桥梁路面或起诱导作用的照明方式。主要优点包括灯具安装的隐蔽性、视觉的良好诱导性和维护的便利性。低位照明的光源高度应控制在驾驶员视线下方，需注意眩光、频闪对驾驶员的影响，可采用带遮光板或反光杯的灯具。眩光值应符合现行行业标准《城市道路照明设计标准》CJJ 45 的规定，灯具安装距离应根据车速计算确保频闪小于 2.5Hz 或大于 15Hz。

5. 造型与色彩

路灯风格与形式应与道路的建筑环境相协调，与所在地区和街道的风格、色彩相统一，同时与规划道路类型相关联，但重点地段的路灯可允许采用特殊材质或定制。

除对装饰性有特殊要求的地段外，路灯应表现谦逊，主动作好道路景观的配角，而不能喧宾夺主。造型必须与城市环境相协调，特别要与道路景观配合，除局部地区外，路灯造型宜简洁。色彩以低明度、低彩度的色调为主，避免和周围景观在颜色上发生视觉冲突。

同一道路的路灯造型与色彩尽量统一，确因道路形态、宽度等景观要素发生较大变化，路灯高度可作相应调整，但必须保持风格一致。

由几条城市主干道或次干道限定的区域，区内支路路灯风格应一致，强化小区特色，加强可识别性。

3.2.3　多功能灯杆

当下城市道路基础设施如监控、交通信号、路牌等普遍采用"单杆单用"的方式，多杆林立导致城市道路上的杆件设施种类繁多，既会影响市容环境、又会带来一定的道路安全隐患以及重复建设造成的资源浪费。以路灯灯杆为基础，对城市道路杆体进行有效整合势在必行。多功能灯杆是物联网在城市中的重点应用领域，因其具有通电、联网、分布广泛、可渗入到城市的各个角落等特点，而被视为万物联网的必要基础设施。多功能灯杆不仅能够照明，还能整合视频监控、环境监测、公共广播等多种功能，是智慧城市建设中尤为重要的一环。"多杆合一"与智能设备组合而成的智慧多功能灯杆是智慧城市建设中重要的感知载体，随着传感技术、物联网技术的高速发展，路灯已经从过去的信息孤岛，逐步走向互联互通，甚至还将成为数据节点或枢纽。充分发挥多功能灯杆在智慧道路、智慧城市建设中的重要作用，促进路灯杆资源共建共享，拓展复合功能，并预留扩展空间和接口，是未来城市照明建设中面临的重要命题。在多功能灯杆建设中应加强前期顶层设计、开展可行性论证，坚持以需求导向和问题导向，充分考虑市政、管线、城管、公安、环保、民政、旅游和通信等部门的合理需求，发挥集约建设、节约成本、绿色环保的优势。多功能灯杆建设的主要原则包括：

（1）多功能灯杆的布设应按照先路口布设、再路段布设区域的顺序整体设计。应以设置要求严格的市政设施点位（如交通信号灯和智能交通设施等）为控制点，将要求整合的其他杆件设施移至控制点进行合杆，同时调整上下游杆件间距，整体布局。正常路段，应以城市照明要求为控制点，进行整体设计。多功能灯杆各种功能示意图见图 3-6。

（2）按照多杆合一、多箱合一和多井合一的要求，对各类杆件、箱体、配套管线、手孔井设施等进行集约化设置，实现通信、供电及机械接口的统一，实现共建共享，互联互通。

（3）应同步建设多功能灯杆及其配套管道、线缆等设施。多功能灯杆、合箱和管线

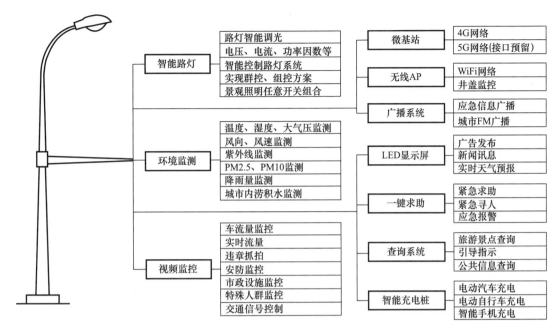

图 3-6 多功能灯杆各种功能示意图

（如路灯管线、公安管线、城管管线及其他市政设施需要的管线）设置时应考虑延伸性需求，合理预留一定的荷载、接口、箱体仓位和管孔等，满足未来使用需要。

（4）应根据多功能灯杆挂载设备所需通信的组网方式、布线方式、传输距离、频段、传输速度、网络时延、抗干扰能力和经济性等因素，合理选择多功能灯杆通信传输方式。

1）当采用光纤传输方式时，应采用工业级的光纤收发器，并根据场所的实际需求，考虑为专用或涉密链路的设备（如 5G 基站、安防监控摄像机等）预留足够的光纤芯数，考虑备份光纤。

2）当采用无线传输方式时，应选择在当地 4G/5G 信号充分覆盖的运营商，并向运营商申请开通 VPN 专网服务。

（5）应根据灯杆功能和安全性的要求，按现行国家标准《建筑结构荷载规范》GB 50009、《高耸结构设计标准》GB 50135 的相关规定，合理确定灯杆及基础的强度、刚度和稳定性。设计荷载应结构设计使用年限 20 年，结构安全等级为一级。应满足以下原则：

1）杆体应预留后期挂载设备接口，按需布置出线孔。出线孔应考虑设备线的直径，配置相应防水设计。挂载设备安装方式有抱箍安装、连接件安装、滑槽安装，宜采用滑槽安装。杆体顶端可预留移动基站安装空间及接口。

2）杆体除现有功能设备荷载外，应适当增加冗余荷载设计。

3）杆体内宜按需进行垂直分舱，杆体内不同设施线路应分舱设置。

4）杆体应进行内外防腐处理，并符合现行行业标准《道路照明灯杆技术条件》CJ/T 527 的要求。

5）杆体应保证足够的强度、刚度和稳定性，材质选择应能满足安全和服务功能要求，并设置承载富余，杆体厚度应根据材质和总体荷载等因素进行测算。

3.3　电线电缆的选择

城市道路照明具有供电线路较长，负荷较大的特点。低压供电是目前普遍采用的供电方式。为了避免外界因素对电压的影响，大多设置照明专用变压器作为道路照明电源，以提供较为稳定的电压，减少光源光通量的脉动。

城市道路照明采用地埋电缆线路敷设方案已成为必然趋势，虽然一次性投资较大，故障寻检时间较长，调整和改造线路都比架空线路困难，但它有架空线路所不能比拟的优点：不影响城市景观，不会遭受雷击、暴风雨等自然灾害和机械碰撞等外界的干扰，若合理选择使用，并且施工质量符合国家标准，则电缆线路使用寿命长、故障率低、日常运行维护安全可靠，不需频繁巡视。

3.3.1　电缆型号的选择

路灯电缆的额定电压要根据线路的电压等级选择。电缆线芯的截面面积要根据线路的容量和配电距离选择，电缆保护层的型号要根据线路的敷设条件选择。

VV（VLV）型电缆是铜（铝）芯聚氯乙烯护套电力电缆，即全塑电缆。其线芯的长期允许工作温度是65℃，可以在40℃环境温度下使用。全塑电缆的优点是机械性能和电气性能好，对酸碱稳定，具有耐日光、耐潮湿、成本低、施工方便等特点。但这种电缆不能承受机械外力作用，直埋时必须穿管保护。

VV_{22}（VLV_{22}）型电缆是铜（铝）芯聚氯乙烯护套钢带铠装电力电缆，能承受机械外力作用，但不能受较大的拉力，可直接埋地敷设。

YJV（YJLV）型电缆是铜（铝）芯聚氯乙烯护套电力电缆，线芯长期允许工作温度为80℃。这样在同材质、同截面面积且电流值相等时，交联电缆的寿命要长得多，但价格比全塑电缆贵。

铝合金电力电缆具有高延伸、低反弹、强柔韧、抗蠕变、耐腐蚀、弯曲半径小等特性。且使用稳定安全，导体紧压系数达0.93，电缆整体外径与铜缆整体外径接近。铝合金电缆的直接采购成本比铜电缆直接采购成本低20%左右，且在防盗方面更具优势。相近载流量下铝合金电缆相保阻抗稍高于铜芯电缆，长距离供电时应注意核算保护电器灵敏度。

3.3.2　电缆截面的选择

（1）电缆应根据电压级别和敷设环境选择其型号外，电缆线芯截面要根据线路负荷容量和配电线路距离远近进行合理的选择。

（2）由于路灯负荷的特点是工作电流较小，输送距离相对来说比较远，所以其截面面积的选择，主要决定于5s内切断末端短路故障所需的电缆截面面积。

（3）要考虑线路末端的电压。根据现行标准《城市道路照明设计标准》CJJ 45的要求，线路末端电压不能低于198V。

（4）在表箱或路灯专用变压器附近的出线，工作电流集中，就应该按发热条件来校验，实际的工作电流应当小于电缆芯线允许的长期工作电流，并参照经济电流密度选择。

（5）路灯电缆无论是穿管还是直埋，都要配置电流保护设备。当线路由于某种原因，使实际工作电流大于允许的长期工作电流，或有前述的短路故障时，要能及时切断电源。

（6）为了便于实际运行时可以灵活地调整线路，路灯的干线一般从始端到末端采用同一截面面积的电缆；中性线的截面面积不应小于相线导线的截面面积，且应满足不平衡电流及谐波电流的要求。

（7）道路照明的低压配电方式一般有单相二线式、二相三线式、三相四线式等。配线线路的损耗 ΔP 等于线路的有功功率损耗 ΔP_1 和无功损耗 ΔQ_1 之和。为了简化计算，假设负载的功率因数 $\cos\phi = 1$，同时不计变压器的损耗，则 $\Delta P = \Delta P_1 = I^2R$（$I$ 为线路计算电流，R 为线路电阻）。对于单相网络（单相变压器供电）：$I = P/U$（设单相网络的损耗比为 100%），对于三相网络，根据单相用电设备组三相等效计算负荷确定，见表 3-27。

不同配线的电能损耗比比较　　　　　　　　表 3-27

配电方式	损耗比（%）
单相网络	100
单相二线式	100
二相三线式（二相跳接）	25
三相四线式（三相跳接）	16.7

注：假定导线截面面积相等，配线距离相同，照明负荷相同，功率因数为 1。

从表 3-27 可见，采用三相四线式的配电方式，线路的电能损耗最小，仅为单相网络或单相二线式的 1/6，为二相三线式的 2/3。另一方面，道路照明一般采用气体放电光源，电源电压对灯的正常工作影响很大；电压太高易引起灯的自行熄灭；电压降低则光通量减少，光色变差。采用三相四线式的配电方式，若配线距离相同，线路损耗小，线路始、末端的电压变化小，对照明质量影响较小。

3.3.3　电线

由灯具连接引至主配电线路的导线应使用额定电压不低于 500V 的三芯护套铜芯电（缆）线，最小允许线芯截面面积不应小于 1.5mm²，功率小于 1000W 的灯具引下线最小允许线芯截面面积应不小于 2.5mm²。

3.4　配电变压器的选择

3.4.1　道路照明配电系统

配电变压器主要有架空杆上式、台柱式、室内变电所及箱式变电站。选用结构紧凑的箱式变电站有益于现代化的城市空间景观。干式变压器与普通油浸变压器相比，较为轻便，容易搬运，且不会产生油污染，适合于容量不大、过载能力没有特别要求的场合。

埋地式变压器组合箱变采用免维护油浸变压器，防护等级高，变压器可置于专用地坑内，减少占地。埋地式变压器组合箱变在小型化、美观化方面特点突出，可根据要求制作成灯箱广告,适用于环境景观要求较高、用地紧张的地段。

变压器采用 SC11 或以上节能型号,D,yn11 结线组别的三相配电变压器比 Y,yn0 接线组别的变压器具有明显优点。限制三次谐波,降低了零序阻抗,增大了相零单相短路电流值,对提高单相短路电流动作断路器的灵敏度有较大作用。

推荐使用有载调压,容量根据现场实际情况确定。主干路负荷率以 50%~70% 为宜,其他路以 60%~80% 为宜,一般为 100~250kVA,尽可能控制为 100kVA,最大不超过 400kVA。

变压器如无有载调压功能,则考虑按容量配置智能型节电器(无级调压),要求带自动和手动旁路开关。稳压伏特及时间可按要求调整,全夜电压稳定在 220V。节电器是否投入工作、电压、电流等信息可在远程监控。

3.4.2　LED 灯具配电系统

可不设置集中无功功率补偿装置,当配电系统内接有气体放电灯、交通信号等其他负荷时,应采取补偿集中无功功率措施。集中无功功率补偿装置建议采用一体化产品,能自动投切和放电,有可靠的手动断开装置,方便出现故障时与主回路隔断,并在箱变内设警示标志。按容量配置电容,一般为 100kVA 配 45kvar,125kVA 配 60kvar,160kVA 配 75kvar,200kVA 配 90kvar,250kVA 配 120kvar,315kVA 配 150kvar,400kVA 配 210kvar。

3.4.3　多功能灯杆配电系统

在多功能灯杆的建设中,各种不同设施需要建设相应的供配电设施,会造成箱体遍布的现象,不仅影响城市景观,也增加了管理协调难度。在满足功能需求和使用安全的前提下,宜将道路照明、交通监控、公安监控、传感器等设备的用电需求进行整合,多箱合一,减少道路箱体数量,美化城市空间,同时提高变压器的使用效率。

应根据供电设施现状确定多功能灯杆区域供电范围和用电负荷。变压器容量以道路照明用电需求为主,同时适当预留其他用电需求,其他用电功率以不超过总用电功率的 50% 为宜。配电系统设计应结合搭载设备的用电需求开展,包括分仓设计、回路设计、配置设计和防雷接地设计等。

3.5　城市照明接地系统选择

3.5.1　接地系统分类

接地保护系统和接零保护系统的辨别方法只有一个,就是看它的 PE 线与 N 线在电源处是否用导体(线)连接,用导体(线)连接的是接零保护系统,没有用导体(线)连接的是接地保护系统。PE 线是接地线,它与灯杆等外壳连接,又叫保护零线或零干线;N 是变压器中性点,从中性点接出来的线常叫中性(N)线,也叫零线或工作零线,送电时中性线有电流通过。接地系统又分为功能性接地、保护性接地、电磁兼容性接地三种。

(1)功能性接地:用于保证设备(系统)的正常运行,或使设备(系统)可靠而正确地实现其功能。如：工作（系统）接地：根据系统运行的需要进行的接地，如电力系统的中性点接地、电话系统中将直流电源正极接地等。

（2）保护性接地：是用于人身和设备的安全为目的的接地。如电气装置的外露导电部分、配电装置的构架和线路杆塔等，由于绝缘损坏有可能带电，为防止其危及人身和设备的安全而设的接地。为雷电防护装置（避雷针、避雷线和避雷器等）向大地泄放雷电流而设的接地，用以消除或减轻雷电危及人身和损坏设备。

（3）电磁兼容性接地：是指为使器件、电路、设备或系统在其电磁环境中能正常工作，且不对该环境中任何事物构成不能承受的电磁骚扰，以此目的所做的接地。

3.5.2　常用的接地保护系统

现行国家标准《低压配电设计规范》GB 50054 列出的接地系统有：TN-C、TN-S、TN-C-S、TT 和 IT 系统。这些系统可以归纳为两类防护系统：接零保护和接地保护系统。

常用接地故障保护系统的分类：

1）道路照明配电系统选用 TN-S 接地时，整个系统的中性线（N）与保护线（PE）分开，在始端 PE 线与变压器中性点（N）连接，PE 线与每根路灯钢杆接地螺栓可靠连接，在线路分支、末端及中间适当位置处做重复接地并形成联网。

2）采用 TT 接地，工作接地和保护接地分开独立设置，保护接地宜采用联网 TT 系统，独立的 PE 接地线与每根路灯钢杆接地螺栓可靠连接，必须装设漏电保护装置。

3）采用 TN 或 TT 系统接零和接地保护，PE 线与灯杆、配电箱等金属设备连接成网，在任一地点的接地电阻都应小于 4Ω。

4）在配电线路的分支、末端及中间适当位置做重复接地并形成联网，其重复接地电阻应小于 10Ω，系统接地电阻应小于 4Ω。

5）采用 TT 系统接地保护，没有采用 PE 线连接成网的灯杆、配电箱等，其独立接地电阻应小于 4Ω。

6）道路照明配电系统的变压器中性点（N）的接地电阻应小于 4Ω。

3.5.3　接地装置

（1）接地装置可利用自然接地体，建筑物的金属结构（梁、柱、桩）埋设在底下的金属管道（易燃、易爆气体、液体管道除外）及金属构件等。如为人工接地装置，应符合下列规定：

1）垂直接地体所用的钢管，其内径不应小于 40mm、壁厚 3.5mm；角钢采用 L50mm×50mm×5mm 以上，圆钢直径不应小于 20mm，每根长度不小于 2.5m，极间距离不宜小于其长度的 2 倍，顶端距地面不应小于 0.6m。

2）水平接地体所用的扁钢截面不小于 4mm×30mm，圆钢直径不小于 10mm，埋深不小于 0.6m，极间距离不宜小于 5m。

（2）保护接地线必须有足够的机械强度，应符合下列规定：

1）保护零线和相线的材质应相同，当相线截面面积在 35mm² 及以下时，保护零线的最小截面面积应为 16mm²，当相线截面面积在 35mm² 以上时，保护零线的最小截面面积不得小于相线截面面积的 50%；

2）采用扁钢时不应小于 4mm×30mm，圆钢直径不应小于 10mm。

（3）接地装置敷设应符合下列规定：

1）敷设位置不应妨碍设备的拆卸和检修，接地体与构筑物的距离不应小于 1.5m。

2）接地线宜水平或垂直敷设，结构平行敷设直线段上不应起伏或弯曲。

3）跨越桥梁及构筑物的伸缩缝、沉降缝时，应将接地线弯成弧状。支架的距离：水平直线部分宜为 0.5～1.5m，垂直部分宜为 1.5～3.0m，转弯部分宜为 0.3～0.5m。

4）沿配电房墙壁水平敷设时，距地面宜为 0.25～0.3m，与墙壁间的距离宜为 0.1～0.15m。

5）接地体（线）的连接应采用焊接，焊接必须牢固无虚焊。接至电气设备上的接地线，应采用镀锌螺栓连接；对有色金属接地线不能采用焊接时，可用螺栓连接、压接、热剂焊（放热焊接）方式连接。

（4）接地体的焊接应采用搭接焊其搭接长度应符合下列规定：

1）扁钢为其宽度的 2 倍（且至少 3 个棱边焊接）。

2）圆钢为其直径的 6 倍。

3）圆钢与扁钢连接时，其长度为圆钢直径的 6 倍。

4）扁钢与角钢连接时，应在其接触部位两侧进行焊接。

（5）接地体（线）及接地卡子、螺栓等金属件必须热镀锌，焊接处应做防腐处理。在有腐蚀性的土壤中，应适当加大接地体（线）的截面面积。

3.6　城市照明监控系统的选择

城市照明监控的对象应包括路灯供配电设备、线路、灯具及与照明运行相关的其他设施。监控的主要方式有：

1. 集中控制

在路灯箱变或配电箱安装采用无线传输网络，实现路灯遥测、遥控、遥信即"三遥"控制方式的设备，对城市照明进行集中管理，实现照明开关灯、电气参数实时检测等功能。

2. 单灯控制

采用无线传输网络或电缆传输信号等方式，通过电脑完成对远程监控主机实现设备电气主回路/各支路电气参数实时检测、节能控制、远程管理，再通过主机实现对各个灯具的控制，从管理和节能两个角度对城市照明实施全方位的智能化管理和监控。

3. 主要通信方式

（1）4G-CAT1：4G 指第四代移动技术，CAT 表示 LTE UE-Category，可以完全使用现有的 4G 资源，见图 3-7。通常日常生活中所提到的 4G，指的是 4G CAT.4。而 4G CAT.1 于 2009 年被正式提出，兼顾速率、功耗和成本，并借助 LTE 网络的广泛覆盖，适合中速率场景的网络连接需求。4G-CAT.1 基于现有的 LTE 网络，经过多年的 4G 网络建设，LTE 网络有着良好的覆盖率，只需要配置基站参数，即可实现 CAT.1 的设备接入。

（2）窄带物联网：即 NB-IoT，指基于蜂窝网络构建，仅消耗 180kHz 左右的带宽，因为支持低功耗设备在广域网的蜂窝数据链接，也被叫作低功耗广域网（LPWAN）。

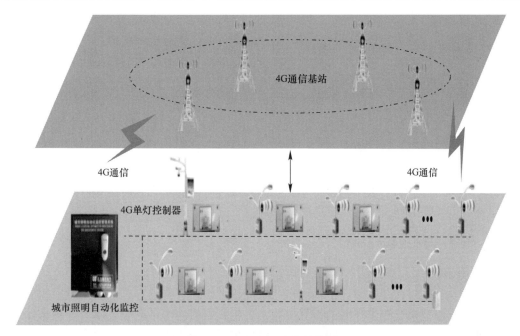

图 3-7 4G-CAT1 通信结构图

NB-IoT 用于连接使用无线蜂窝网络的各种智能传感器和设备，聚焦低功耗、广覆盖物联网场景。

（3）电力线载波：电力线载波（PLC）是电力系统特有的通信方式，电力线载波通信是指利用现有电力线，通过载波方式将模拟或数字信号进行高速传输的技术。该技术通过已有电力线将智能照明控制器连成智能照明系统，在电力线上加载不同信号，使用电力线载波的特点进行各种信号传输，通过电力线调制解调器把不同信号分离出来，并将各种不同信号传送到不同智能照明控制器。PLC 技术的最大特点是不需要重新架设网络，只要有电线，就能进行数据传递。

4. 控制主要参数

（1）集中控制器应采集照明供电回路的运行状态信息，上报监控中心，主要功能：

1）遥控功能：遥控所有路灯的开关；

2）遥测功能：遥测各控制点的各项工作参数；

3）遥信功能：运行状态非正常时可向主控室或其他站报警。

（2）单灯控制器采集灯具或光源的状态和运行数据信息，主要功能：

1）遥控功能：具备开关灯、调光控制功能，可按组别进行控制，灵活实现多种亮灯模式；

2）遥测功能：具备测量每盏灯电压、电流、功率测量功能；

3）具备漏电监测功能：对出现漏电流具有实时监测功能，可按需设置漏电报警、断电保护策略；

4）具备开关灯状态报告、灯具故障报警、欠流报警、过流报警、欠压报警、过压报警、通信异常报警等功能；

5）可拓展灯杆漏电检测、灯杆倾斜检测、水位检测等功能。

5. 拓展功能

城市照明设施数量随着城市的发展不断增加，传统的粗放型管理模式已无法满足城市照明高质量管理的需求，必须结合数字化、智能化的技术手段提高城市照明精细化管理水平，为城市照明系统治理能力和治理水平提升提供技术支撑，因此集成控制中心和相应控制系统还应具备以下功能：

(1) 设施管理：基于 GIS 等技术，实现每套照明设备的数字编码、定位管理，标记身份。

(2) 运维管理：移动巡检系统、车辆定位系统、巡查分析系统以及运维系统。

(3) 行政管理：OA 办公系统、财务管理系统、工程管理系统以及仓储管理系统，为管理过程中的工作流和审批流提供数字化支持。

3.6.1　监控系统主要控制技术

1. 三遥系统

从 20 世纪 90 年代初开始，个别城市已经开始考虑在日常的管理上启用城市照明无线监控管理系统，但是受限于当时的计算机技术、无线通信技术、测控技术等，城市照明无线监控管理系统存在一定的技术障碍。当时的城市照明无线监控系统主要通过专用无线网络（230M 专用频率）实现路灯遥测、遥控和遥信，简称三遥系统，我国只有少数城市开始使用三遥系统。进入 21 世纪以后，三遥系统的技术也不断完善，是目前国内城市照明控制的主流，作用如下：

(1) 遥控

1）操作员在监控中心操作，可实现群控开关灯、部分群控开关灯、单点开关灯。

2）在监控中心发生故障时分控点根据预先设定的时间独立定时开关灯。

3）监控中心定时向分控点下发时钟校准命令，分控点按校正后的时间自动开关灯。

4）控制点设备控制量不能少于 5 个，每个控制量都有独立定时器，可按照日、周、月、年设定开光灯时间。

5）手动开关灯命令大于定时开关灯级别（监控中心手动开关灯之前不需要修改定时时间）。

6）现场转换手动/自动开关状态。

7）底端设备可以接受监控中心远程断电复位。

(2) 遥测

1）测量电压、电流、功率因数等参数。

2）电压测量精度：优于 0.5%。

3）其他电量测量精度：优于 1%。

4）非电量测量精度：优于 2%。

5）对单个分控点进行数据采集时，时间小于 3s。巡回开关操作时，平均打开（或关断）一个分控点的时间不超过 2s。

(3) 遥信

1）反馈开关状态。

2）分控点各种故障信息：控制柜掉电信息，网络故障信息，电流上、下限告警，电压上、下限告警，开关状态异常报警，门口告警。

3）告警具有三级：预告警、普通告警和紧急告警，分别以告警指示灯直观地显示并打印。

4）告警查询功能：能够显示告警名称、类别、量值、级别、时间等信息。

5）发生告警时，近程发生警笛声音和告警灯闪烁告警，同时主控画面的分控点也在闪烁。告警确认后，告警声音消除，告警灯依然闪烁，直到新告警发生，才打开告警声音。故障消除后，告警灯停止闪烁。

6）告警限值（如电压上、下限等）设定：根据现场情况由系统管理员设置。

7）告警准确率为99.99%。

（4）发展

除了以上基本的三遥，该系统通过升级换代，功能也有很多扩展。监控范围从道路照明扩大到景观照明；通信方式从有线通信、CDPD 网络、GSM 短信到 GPRS 方式；监控方式从文字界面到视频方式，"遥视"成为可能；同时，配合照明节电，"遥调"功能必不可少。简而言之，照明监控技术已由"三遥"向包括遥视、遥调在内的"五遥"发展。有些城市还结合地理信息系统，使管理更精确。

2. PLC 技术

电力线载波技术简称 PLC 技术，它是运用电力线载波实现信息传递的通信方式的统称。该技术是指通过已有电力线将路灯照明系统连成智能照明系统，在电力线上加载不同信号，使用电力线载波特点进行各种信号传输，通过电力线调制解调器的使用，把不同信号分离，把各种不同信号传送到各个不同设备中。最大特点是不需要重新架设网络，只要有电线就能进行数据传递，节省电能，并能延长灯具寿命以及降低运行维护成本。

完整的电力载波 LED 路灯控制系统包括主站控制中心（服务器）、基站（集中）控制器、路灯（单灯）控制器，协议软件实现基站控制器与路灯网络之间的通信过程。当前基于 PLC 的城市道路照明智能控制系统一般是通过 GPRS/CDMA 和 PLC 结合的方案来实现的，基于 PLC 技术的路灯系统结构图见图 3-8。

3. ZigBee 技术

ZigBee 和 DALI 都是协议，ZigBee、PLC 和 GPRS/CDMA 等智能系统一样，需要 GPRS/CDMA 的网络支持。从结构上不难看出，其结构本身与上述的运行结构类似，但是运行到 ZigBee 子网的时候，只要他们彼此间在网络模块的通信范围内，通过彼此自动寻找，很快就可以形成一个互联互通的 ZigBee 网络，这就是其最大特点—自组织网。其控制系统通过 ZigBee 网络和 GPRS 网络的连通实现远程监控，本系统可分为监控中心、GPRS/CDMA 网络网关和 ZigBee 子网三部分见图 3-9。

值得注意的是，由于 ZigBee 是一种短距离、低功耗的无线通信技术，远距离无线通信采用的 GPRS 技术和近距离无线通信采用的 ZigBee 技术互为补充，在扩宽监测范围的同时也提高了监控系统的智能水平。另外，Zigbee 网络可以组成一个多达 65000 个无线数传模块的无线数传网络平台，在整个网络范围内，每一个 ZigBee 网络数传模块之间可以相互通信，每个网络节点间的距离可根据需要从标准的 75M 无限扩展。通过 ZigBee 无线自组织网络将区域内的路灯都组成一个 ZigBee 子网，若干个 ZigBee 子网通过 GPRS 网关组成大型路灯网络，在监控中心可以实现对各个 ZigBee 子网中的每个路灯进行无线智能控制。

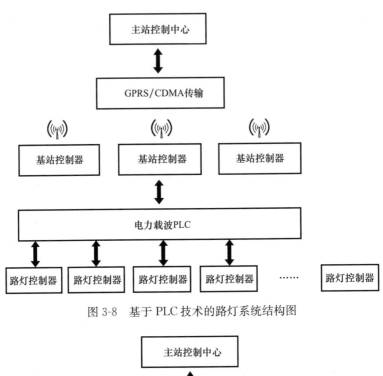

图 3-8　基于 PLC 技术的路灯系统结构图

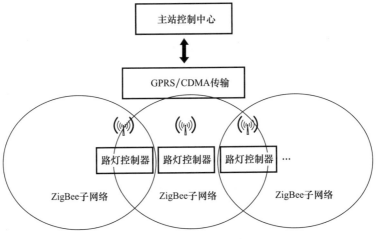

图 3-9　基于 ZigBee 技术的路灯系统结构图

4. 其他协议技术

DALI 协议虽然是专用于照明控制的协议，DALI 智能照明系统也可以作为一个独立的系统来运作，但是 DALI 系统的开放性，使得 DALI 系统可以方便地和目前得到广泛应用的建筑物管理系统（如 EIB、Lonworks、LUXMATE 和 BATIBUS 等）无缝连接。DALI 是一种定义了实现现代电子镇流器和控制模块之间进行数字化通信的接口标准。由于 DALI 具有开放性好，采用数字控制技术，采用 DALI 构成的可寻址数字控制系统，具有造价低，易于安装，系统构成灵活，可以级联（组成主/从控制系统）的特点，适用于办公室、学校、住宅等楼宇智能照明控制系统。由于其自身的优势体现在楼宇照明，在道路照明的缺陷明显，目前采用 DALI 技术的道路照明控制运用还较少。

目前，智能照明控制协议除了上述协议外，还有 ACN 协议、Art Net 协议、CEBUS 协议、Lonworks 协议、Dynet 协议、EIB 协议和 HBS 协议。这些协议在各自的领域均有自己的优势，占据各自市场，所以在短时期内无法将照明智能控制网络统一，但是，我们相信未来智能控制网络发展是兼容的趋势。

3.6.2　发展趋势

对于未来照明控制的发展趋势而言，路灯控制系统正朝着更加智能化和可持续发展的方向发展。随着物联网和人工智能、大数据分析等技术的进一步发展，路灯控制技术将得到更多的应用，实现更加高效、更加安全、更加智能化的应用。

1. 标准化

标准化是城市道路照明系统的发展趋势，照明控制系统使用的相关设备非常多，不可能都是一个厂家生产，如果不同厂家只兼容自己厂家的产品，不同厂家的设备无法同时使用。因此，尽快起草智能照明控制系统设备的标准化是迫在眉睫的事情。事实上，市场照明品牌种类繁多，很多照明企业也有各自的照明控制系统，有各自使用的协议和端口，各个产品之间不能直接实现互通，因此做到城市道路照明控制系统就要考虑产品兼容控制的问题，统一的平台能很好地兼顾各方利益，减少因产品不兼容而造成的浪费与不必要的消耗。各种厂家的照明控制系统、单灯控制系统及相关内部设备的相互兼容是智能照明发展的趋势。

2. 拓展性

目前的路灯控制系统基本能够通过使用传感器、控制单元和通信网络等技术手段，实现对路灯亮度、开关状态的控制管理和参数的读取及应用。随着城市照明设施管理的需求提升及大数据分析、人工智能等技术的不断发展，各种远程控制、智能感应、自动化控制设备在设施安全管理、外接电管理、维护作业工单管理、资产管理等方面得到广泛应用，路灯控制系统需要能够具有可拓展性，能够兼容各种不同厂家的设备及协议，具有良好的交互能力，做到互联互通。

3. 网络化

照明控制系统离不开通信介质的选择，如无线通信 GPRS/CDMA、光纤通信、电力线载波通信 PLC、现场总线，畅通的通信网络控制也将改变有限网络的局限性，使控制更加灵活，更加多样性。由于技术的不断更新发展，网络化的新形态——物联网已经开始运用在城市道路照明系统控制中，物联网是新一代信息技术的重要组成部分。将各种感知技术和人工智能与自动化技术聚合与集成应用，使人与物智慧对话，创造一个智慧的世界。因此，道路照明智能控制的通信介质也会迎来新的发展趋势——数据传递更快、构架方便灵活、安全无干扰、兼容性好，更便于对照明系统的集中管理。

4. 智能化

所谓智能化照明系统，通常讲就是利用现代的计算机技术、网络通信技术、自动控制技术、微电子技术等多种新科学技术，实现可根据环境变化、客观要求、用户预定需求等条件而自动采集系统中的各种信息，并对所采集的信息进行相应的逻辑分析、推理、判断，对结果按特定的形式进行存储、显示、传输以及反馈控制等处理，以达到最佳的控制效果的一种智能照明控制系统。随着智能照明控制系统的不断完善，系统中的设备数量和设备品牌种类的不断增加，智能照明控制系统应满足可拓展性的需求，能使新设备、新模块接入系统中（对于控制系统而言包括智能模块，如感知模块、通信接口模块、知识模块、推理机制模块、控制模块）。智能化的道路照明控制系统也有了传统控制系统所不能体现的功能，如地理信息功能、变频控制/自动稳压/功率控制功能、调光功能、场景功能、单灯控制、气象联动、多点控制、工况监测、故障自动反馈、统计分析与查询功能、系统自动升级维护与管理功能。

第4章　城市道路照明设计案例分析

道路照明在现代化城市中不仅要起到夜间交通照明的作用，还要起到美化城市、诱导交通、有利于治安和创造安全、舒适的生活环境的作用。道路照明设计应按照现行标准《城市道路照明设计标准》CJJ 45 的相关要求，认真进行分析计算，力求使设计方案做到设计科学、布局合理、节能、投资省、维护费用低、运行可靠、维护操作安全方便，并与周围环境及其他市政设施相协调。

本章通过一个道路照明实例，来阐述道路照明设计。

4.1　道路照明工程设计案例

4.1.1　道路案例

某城市一条东西向交通主干道，全长 2.32km，该道路断面采取机非混行布置，机动车道宽度为 22m（双向六车道）。两侧人行道各为 4m，道路总宽为 30m，断面布置见图 4-1。机动车道为沥青路面，人行道为彩色人行道板铺装。

该道路起点为 0+000，终点为 2+320。南北向主干路宽度 30m，系一块板式道路。

根据该道路管线协调会确定，路灯设置在两侧人行道上，采用地下电缆。

该道路沿途设置六处公交站台（单侧），公交站台设在隔离带上采用港湾式站台形式，在站台处人行道向外扩出 4.5m。

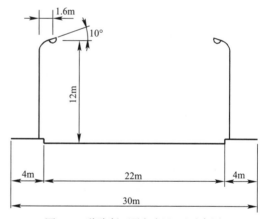

图 4-1　道路断面及灯杆立面示意图

4.1.2　道路照明工程设计方案

在设计前必须做一些准备工作，如相关资料、信息的收集，现场勘察了解，有必要的话与有关部门先协调沟通等等，而后将设计所需信息汇总备用。

1. 设计资料信息的汇总

根据道路案例与现场勘察了解（假定）的情况，将设计所需的资料与信息汇总如下：

(1) 道路平面图、断面图等技术文件已具备。

(2) 根据图纸与案例已知该道路为城市主干道。

(3) 道路管线综合协调会已确定路灯设置在两侧人行道上，并采用地下电缆线路。

(4) 道路周围。有小区，沿街商铺较多。

（5）绿化栽树的情况，公交站台的设置（单侧 6 处、港湾式）。

（6）路面材料（快车道为沥青，人行道为道板）。

（7）经现场勘察后，在 0＋780 与 1＋400 处有 10kV 供电线路、拟安装路灯专变供路灯用电。

2. 照明标准值的确定

从道路案例已知：该道路为城市交通干道，车流量繁忙。根据现行行业标准《城市道路照明设计标准》CJJ 45 第 3.3.4 条规定，宜选择表 3.3.1 机动车交通道路照明标准值的高档值，其值如下：

（1）直线路段路面平均照度为 30lx，照度均匀度 0.4。

（2）交会区（交叉路口）路面平均照度为 50lx，照度均匀度 0.4。

（3）环境比 0.5。

（4）人行道平均照度 10lx。

（5）由于是六车道道路，照明功率密度值（LPD）为 $1.0W/m^2$。

（6）选择的灯具防护等级为 IP65，维护系数 $M＝0.70$。

3. 灯具布置方式

（1）直线路段的灯具布置

该道路为一块板式道路，灯具布置可采用两侧交错或两侧对称布置。两侧交错布置比两侧对称布置照明效果更好，但从道路平面图上看到，由于沿途小区出入口较多，两侧交错布置的话灯间距不均匀，起不到交错布置的效果，反而给人布置比较乱的感觉。相比之下还是确定采用两侧对称布置的方式为好。

（2）交叉路口的照明布置

该条道路有一个十字平面交叉路口，一个 T 字形平面交叉路口，其中 0＋630 处是系较大型的交叉口。由于直线路段两端较远（80m），如果仍按直线段灯具布置方式，已远不能满足交叉路口的照明标准要求，有必要另行安装附加灯杆和灯具。因此，拟在交叉口对角两个弯道布置四组 13m 三火投光灯，采用泛光灯具照明；泛光灯具采用宽光束截光型不对称灯具，出光口水平放置，最大光强角不超过 65°，有保护角，控制眩光。

4. 灯具的安装高度、间距、悬挑长度和仰角

灯具的安装高度（H）与路面有效宽度（W_{eff}）有关；间距（S）与灯具安装高度（H）有关；而路面有效宽度（W_{eff}）又与灯具悬挑长度有关。即先要确定灯具的悬挑长度后，那么 W_{eff}、H、S 就都迎刃而解了。

已知机动车道宽度为 22m，路灯装在人行道 0.5m 处。考虑到路面的照明效果和今后维护工作的方便，先设定灯臂长度为 1.6m，则悬挑长度为 1.1m。由于灯具是双侧布置，道路有效宽度为实际宽度减去两个悬挑长度。所以路面有效宽度 $W_{eff}＝22－2×1.1＝19.8$（m）。

由于常规道路照明灯具基本上都属于半截光型。根据《城市道路照明设计标准》CJJ 45 表 5.1.2 灯具的配光类型、布置方式与灯具的安装高度、间距的关系，当配光类型为双侧对称布置时，安装高度 $H \geqslant 0.6W_{eff}$，间距 $S \leqslant 3.5H$。该道路灯具安装高度 H，取 0.6 倍的 W_{eff}，即 $H＝0.6×19.8＝11.88$（m），暂定安装高度为 12m。间距 S 取 3.5 倍的 H，则 $S＝3.5×12＝42$(m)，暂定间距为 42m。

根据《城市道路照明设计标准》CJJ 45 第 5.1.3-1 条规定，灯具的悬挑长度不宜超过安装高度的 1/4，灯具的仰角不宜超过 15°。现我们设定灯具悬挑长度为 1.1m，安装高度为 12m，则悬挑长度将近为安装高度的 1/10，符合标准要求，可确定灯具悬挑长度为 1.1m；仰角定为 10°。

5. 灯具与光源电器的选择

（1）灯具的选择（图 4-2）

根据道路所处位置、周围环境及灯臂长度等因素，挑选了一款灯具。该灯具为铝压铸外壳、强度高、结构简洁流畅，反射器采用高纯阳极氧化铝板，抛光、拉伸成形。弹性不锈钢扣攀脱卸，上掀盖平台操作，便于维修。内换泡结构，防水防尘性能好。高透明的钢化玻璃罩，透光性好、强度高。其技术参数为：防护等级 IP65，外壳耐腐蚀性能 Ⅱ 类，工作环境－35～＋45℃，灯座 E40，防触电保护等级 Ⅰ 类。适用光源：400W 高压钠灯/金卤灯。灯具外壳喷塑处理。

该灯具蝙蝠翼式配光，灯具效率达 70%。

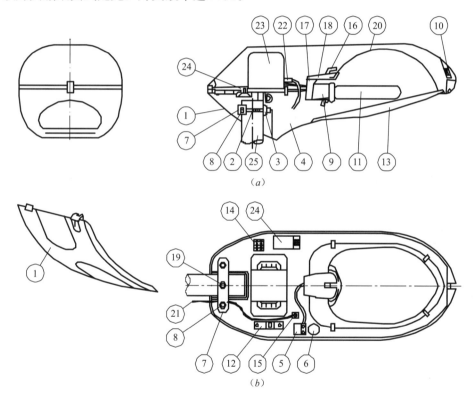

图 4-2　灯具结构示意图

（a）灯具与灯臂垂直安装；（b）灯具与灯臂横向安装

1—安装孔后盖板；2—螺钉；3—角度调节座；4—壳体；5—触发器；6—电容器；7—灯臂固定压板；8—压板螺栓；9—瓷灯座；10—上盖扣攀；11—光源；12—熔断器；13—玻璃透光罩；14—接线柱；15—防坠落固定点；16—灯头固定攀；17—灯头盒；18—灯头支架；19—内六角螺栓；20—反光器；21—防坠落钢丝；22—线束；23—变功率镇流器；24—时控器；25—灯臂

（2）光源电器的选择

因是城市主干路，故采用高压钠灯。其能效指标应达到现行国家标准《高压钠灯能效限定值及能效等级》GB 19573 规定的节能评价值，并优先选用达到标准规定的能效等级 1

级的产品。钠灯均配用节能型电感镇流器，其能效指标能效因数达到现行国家标准《普通照明用气体放电灯用镇流器能效限定值及能效等级》GB 17896 规定的能效限定值标准的产品。触发器应与钠灯功率相适配；灯泡、镇流器、触发器宜是同一生产厂家的产品。

4.2　道路照明计算分析

4.2.1　根据 DIALux 软件计算路面的平均照度

已知：机动车道宽度 $W=22$m，间距 $S=42$m，双侧对称布置灯具安装高度 $H=12$m，灯臂长度 1.6m，悬挑长度 1.1m，仰角 10°，灯具维护系数为 0.7；假定灯具光源采用 400W 高压钠灯，其额定光通量为 50237 lm。

1. 快车道平均照度的模拟计算（图 4-3～图 4-6）

街道1/计划日期

街道横截面

人行道1　　　（宽度：4.000m）
道路1　　　　（宽度：22.000m，运行路径数量：6，柏油；R3,q0:070）
人行道2　　　（宽度：4.000m）

维护系数：0.70

灯具排列

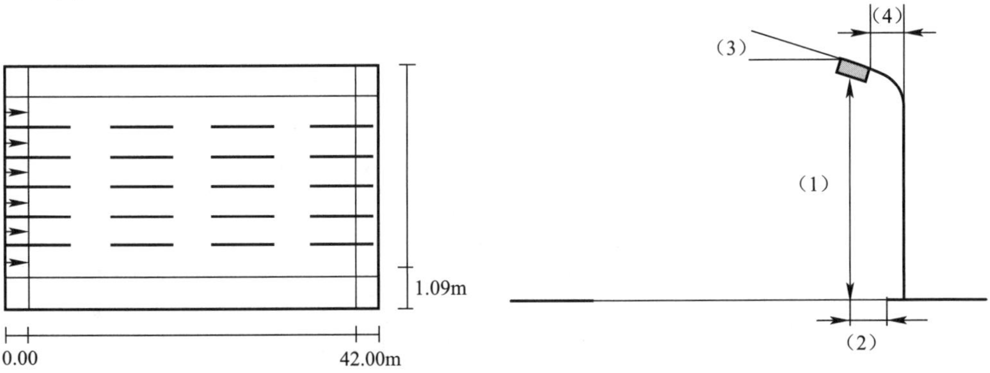

1.09m

0.00　　　　　　　　42.00m

灯具：	GE METEOR 400W		
照明电流（灯具）	38125 lm	光强最大值	
照明电流（光源）	50237 lm	角度70°：	382 cd/klm
瓦数：	440.2 W	角度80°：	51 cd/klm
排列：	单侧排列，下方	角度90°：	7.58 cd/klm
灯杆距离：	42.000 m	在能够与下部垂直线形成规定角度的所有方向上（照明装置安装正确）	
安装高度（1）：	12.000 m	安排符合光强等级G3。	
光点高度：	11.95 lm	安排符合眩光指数等级D.6。	
突出（2）：	1.100 m		
吊杆角度（3）：	10.0°		
悬臂长度（4）：	1.600 m		

图 4-3　灯具布置示意图（一）

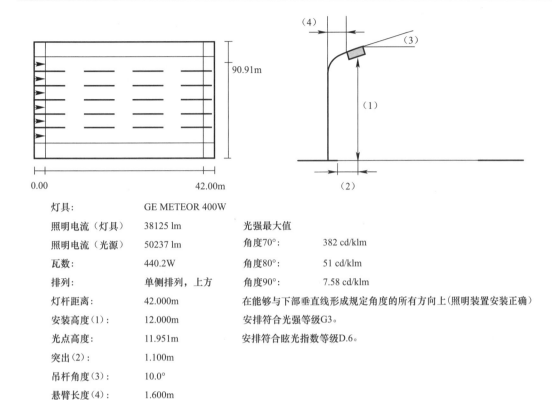

灯具:	GE METEOR 400W		
照明电流（灯具）	38125 lm	光强最大值	
照明电流（光源）	50237 lm	角度70°:	382 cd/klm
瓦数:	440.2W	角度80°:	51 cd/klm
排列:	单侧排列，上方	角度90°:	7.58 cd/klm
灯杆距离:	42.000m	在能够与下部垂直线形成规定角度的所有方向上（照明装置安装正确）	
安装高度（1）:	12.000m	安排符合光强等级G3。	
光点高度:	11.951m	安排符合眩光指数等级D.6。	
突出（2）:	1.100m		
吊杆角度（3）:	10.0°		
悬臂长度（4）:	1.600m		

图 4-3　灯具布置示意图（二）

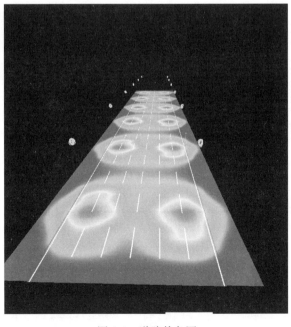

图 4-4　道路伪色图

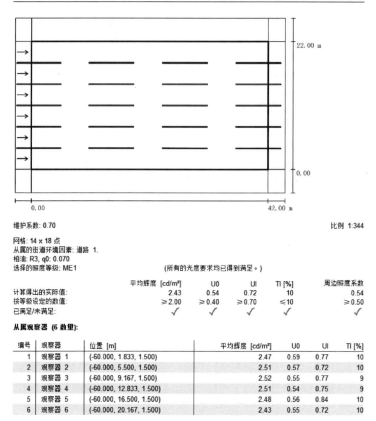

街道 1/评估区域 道路 1/结果目录

维护系数: 0.70

比例 1:344

网格: 14 x 18 点
从属的街道环境因素: 道路 1.
柏油: R3, q0: 0.070
选择的照度等级: ME1

（所有的光度要求均已得到满足。）

	平均辉度 [cd/m²]	U0	UI	TI [%]	周边照度系数
计算得出的实际值:	2.43	0.54	0.72	10	0.54
按等级设定的数值:	≥ 2.00	≥ 0.40	≥ 0.70	≤ 10	≥ 0.50
已满足/未满足:	✓	✓	✓	✓	✓

从属观察器 (6 数里):

编号	观察器	位置 [m]	平均辉度 [cd/m²]	U0	UI	TI [%]
1	观察器 1	(-60.000, 1.833, 1.500)	2.47	0.59	0.77	10
2	观察器 2	(-60.000, 5.500, 1.500)	2.51	0.57	0.72	10
3	观察器 3	(-60.000, 9.167, 1.500)	2.52	0.55	0.77	9
4	观察器 4	(-60.000, 12.833, 1.500)	2.51	0.54	0.75	9
5	观察器 5	(-60.000, 16.500, 1.500)	2.48	0.56	0.84	10
6	观察器 6	(-60.000, 20.167, 1.500)	2.43	0.55	0.72	10

图 4-5　快车道平均亮度模拟计算结果图

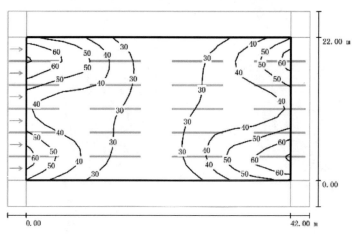

街道 1/评估区域 道路 1/等照度图 (照度)

比例 1 : 344

网格: 14 x 18 点

平均照度 [lx]	最小照度 [lx]	最大照度 [lx]	最小照度 / 平均照度	最大照度 / 最大照度
38	22	70	0.565	0.311

图 4-6　快车道平均照度模拟计算结果图

2. 人行道平均照度的模拟计算（图4-7、图4-8）

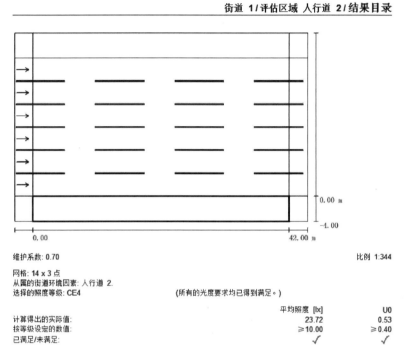

图 4-7 人行道平均照度模拟计算结果图

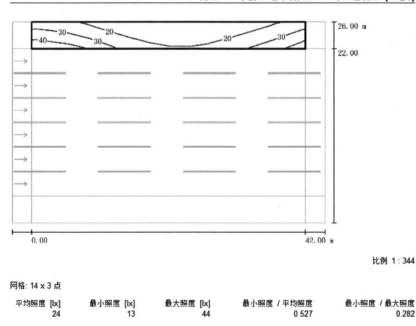

图 4-8 人行道等照度图

4.2.2 照明功率密度（*LPD*）值计算

已知该道路为主干路六车道，其照明功率密度标准值为 1.0W/m^2。道路宽度 22m，灯间距 42m，双侧对称布置，光源功率为 400W，采用电感镇流器，自身功耗 61.88W。*LPD* 计算公式见式（4-1）：

$$LPD = \frac{P}{W \cdot S} \tag{4-1}$$

式中　*P*——光源与镇流器功率之和；

　　　W——道路宽度；

　　　S——灯间距。

已知条件代入式（4-1），得：

$$LPD = \frac{(400 + 61.88) \times 2}{22 \times 42} = 1.0 \ (\text{W/m}^2)$$

计算结果符合限定值，说明采用 400W 高压钠灯是可行的。

计算 *LPD* 值时，其中的功率应包含光源及其附件（镇流器或驱动电源等）所消耗的功率，其面积应只计算车行道的面积。

4.2.3 节能措施

1. 采用电感变功率镇流器，后半夜从 400W 降为 250W 运行

2. 实行单灯补偿

单灯补偿就是在每盏灯上并联一只电容器，以提高功率因数。这种方法除了减少路灯网络整个的无功功率外，还可以降低路灯线路本身的电能损耗。其电容量可按式（4-2）计算：

$$C = \frac{3180 \cdot P \cdot (\tan\phi_1 - \tan\phi_2)}{U^2} = \frac{3180}{220^2} \cdot (P_L + P_Z) \cdot (\tan\phi_1 - \tan\phi_2)$$

$$= 0.0657(P_L + I^2 Z \cos\phi_Z)(\tan\phi_1 - \tan\phi_2) \tag{4-2}$$

式中　　　*C*——电容；

　　　　　P——一套灯的有功功率，包括灯泡和镇流器消耗的功率；

　　　　　I——灯泡的工作电流；

　　　　　Z——镇流器的阻抗；

　　　$\cos\phi_Z$——镇流器的功率因数；

$\tan\phi_1$、$\tan\phi_2$——与补偿前、后功率因数 $\cos\phi_1$、$\cos\phi_2$ 相对应的 ϕ_1、ϕ_2 角的正切值；

　　　　P_L——灯泡的标称功率；

　　　　P_Z——镇流器的消耗功率。

以 400W 高压钠灯为例，功率因数从 0.42 提高到 0.85，计算其补偿电容量。

已知：$P_L = 400\text{W}$，$P_Z = 61.88\text{W}$；查三角函数表，当 $\cos\phi_1 = 0.42$ 时，$\tan\phi_1 = 2.16$；当 $\cos\phi_2 = 0.85$ 时，$\tan\phi_2 = 0.62$；代入式（4-2）：

$C = 0.0657 \cdot (400 + 60) \cdot (2.16 - 0.62) = 0.0657 \times 461.88 \times 1.54 = 46.7(\mu\text{f})$

按电容器的标称规格，400W 高压钠灯补偿电容 $50\mu\text{f}$。

3. 集中补偿

当昼夜平均有功功率为 100kW 时，欲将功率因数由 0.6 提高到 0.88，问需要装设电容器组的总容量应当是多少？需要装设的电容器组总容量，可由提高前的功率因数，提高后理想的功率因数及昼夜平均有功功率来确定。计算见式（4-3）：

$$Q_k = P_{平均} \cdot (\mathrm{tg}\phi_1 - \mathrm{tg}\phi_2) \tag{4-3}$$

式中　Q_k——需要装设的电容器组总容量；

$P_{平均}$——昼夜平均有功功率；

ϕ_1——改善前的功率因数角；

ϕ_2——改善后的功率因数角。

从表 4-1 中改进前的功率因数 $\cos\phi_1$（栏内 0.6）推向找到与改进后功率因数 $\cos\phi_2$ 为 0.88 相交处，查得 0.79(kvar)，则所需电容器电容量为

$$Q_k = 0.79 \times 100 = 79(\text{kvar})$$

每 1kW 有功功率所需的电容器电容量表　　　　　　　　　　　表 4-1

改进前功率因数 $\cos\phi_1$	改进后功率因数 $\cos\phi_2$								
	0.80	0.82	0.84	0.86	0.88	0.90	0.92	0.94	0.96
	每 1 千瓦有功功率所需电容器电容 Q_k（kvar）								
0.40	1.54	1.60	1.65	1.70	1.75	1.81	1.87	1.93	2.00
0.42	1.41	1.40	1.52	1.57	1.62	1.68	1.74	1.80	1.87
0.44	1.29	1.34	1.39	1.45	1.50	1.55	1.61	1.68	1.75
0.46	1.18	1.23	1.29	1.34	1.39	1.45	1.50	1.57	1.64
0.48	1.08	1.13	1.18	1.23	1.29	1.34	1.40	1.46	1.54
0.50	0.98	1.04	1.09	1.14	1.19	1.25	1.31	1.37	1.44
0.52	0.89	0.94	1.00	1.05	1.10	1.16	1.21	1.28	1.35
0.54	0.81	0.86	0.91	0.97	1.02	1.07	1.13	1.20	1.27
0.56	0.73	0.78	0.83	0.89	0.94	0.99	1.05	1.12	1.19
0.58	0.66	0.71	0.76	0.81	0.87	0.92	0.98	1.04	1.12
0.60	0.58	0.64	0.69	0.74	0.79	0.52	0.91	0.97	1.04
0.62	0.52	0.57	0.62	0.67	0.73	0.78	0.84	0.90	0.98
0.64	0.45	0.50	0.56	0.61	0.66	0.72	0.77	0.84	0.91
0.66	0.39	0.44	0.49	0.55	0.60	0.65	0.71	0.78	0.85
0.68	0.33	0.38	0.43	0.48	0.54	0.59	0.65	0.71	0.79
0.70	0.27	0.32	0.38	0.43	0.48	0.54	0.59	0.66	0.73
0.72	0.21	0.27	0.32	0.37	0.42	0.48	0.54	0.60	0.67
0.74	0.16	0.21	0.26	0.31	0.37	0.42	0.48	0.54	0.62
0.76	0.10	0.16	0.21	0.26	0.31	0.37	0.43	0.49	0.56
0.78	0.05	0.11	0.16	0.21	0.26	0.32	0.38	0.44	0.51

4.3 电气设计

根据 4.1 节道路照明工程设计案例得知，该工程经现场勘察 0＋780 与 1＋400 处有 10kV 供电线路，拟各安装一台道路照明专用箱式变电站供电。以图 4-9 路灯配电线路示意图中一号箱变为例，我们将分别来计算该路段路灯的负荷、箱变容量、电压降和电缆截面的选择。

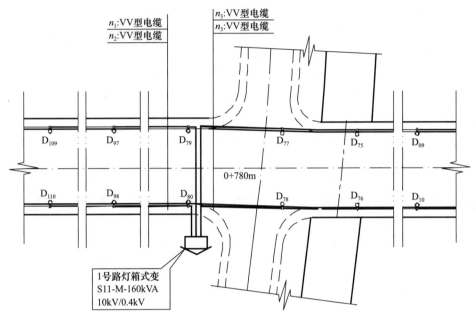

图 4-9　路灯配电线路示意图

从图 4-9 可看出，1 号箱变在 0＋780m 处，配电半径 780m，用 VV 型五芯铜芯聚氯乙烯绝缘聚氯乙烯护套电力电缆，三相平衡配电。

4.3.1　路灯和变压器容量计算

n_1 和 n_2 各接 27 盏灯（其中 18 盏 NG400W，9 盏 NG250W），n_3 和接 20 盏灯（NG400W），总计 $2 \times 27 + 20 = 74$（盏），其中 NG400W 56 盏，NG-250W 18 盏。

NG-400W 的镇流器损耗是 $P_z = 61.88W$，NG-250W 的镇流器损耗是 $P_z = 40.5W$，路灯容量 S_Σ 为：

$$S_\Sigma = \frac{\sum(P + P_z)}{0.8} \times 10^{-3} = \frac{56 \times 461.88 + 18 \times 390.5}{0.8} \times 10^{-3}$$

$$= \frac{31.09}{0.8} = 38.87 \text{(kVA)}$$

变压器容量 S 为：$S = \dfrac{S_\Sigma}{0.7} = \dfrac{38.87}{0.7} = 55.53 \text{(kVA)}$

经计算可采用 80kVA 容量的变压器，由于此配电为两条道路预留了路灯负荷，所以此配电采用的变压器容量为 160kVA。

4.3.2　电缆截面的选择

（1）按接地故障保护选择

1）实行单灯补偿后的电流 I_j

NG400 补偿前每只灯工作电流为 $I_{补前} = 4.8A$，镇流器损耗 $P_z = 61.88W$。

NG250 补偿前每只灯工作电流为 $I_{补前} = 3A$，镇流器损耗 $P_z = 40.5W$。

补偿前的功率因数 $\cos\phi_{补前}$ 计算：

$$\cos\phi_{补前} = \frac{P_{灯} + P_{镇}}{U \cdot I_{补前}} = \frac{400 + 61.88}{220 \times 4.8} = \frac{461.88}{1056} = 0.44 \quad (\text{NG400W})$$

$$\cos\phi_{补前} = \frac{P_{灯} + P_{镇}}{U \cdot I_{补前}} = \frac{250 + 40.5}{220 \times 3} = \frac{290.5}{660} = 0.44 \quad (\text{NG250W})$$

如补偿到 $\cos\phi_{补后} = 0.85$，每只灯的电流 $I_{补后}$ 计算：

$$I_{补后} = \frac{\cos\phi_{补前}}{\cos\phi_{补后}} \times I_{补前} = \frac{0.44}{0.85} \times 4.8 = 2.5(\text{A}) \quad (\text{NG400W})$$

$$I_{补后} = \frac{\cos\phi_{补前}}{\cos\phi_{补后}} \times I_{补前} = \frac{0.44}{0.85} \times 3 = 1.55(\text{A}) \quad (\text{NG250W})$$

n_1 和 n_2 电缆各接 27 盏灯，每根电缆每相接 9 盏（6 盏 NG400W，3 盏 NG250W），计算电流 I_j 为

$$I_j = 6 \times I_{补后} = 6 \times 2.5 = 15(\text{A}) \quad (\text{NG400W})$$

$$I_j = 3 \times I_{补后} = 3 \times 1.55 = 4.65(\text{A}) \quad (\text{NG250W})$$

$$\sum I_j = 15 + 4.65 = 19.65(\text{A})$$

2）电缆出线的熔丝（断路器）额定电流

留 50% 余量，熔丝（或断路器）的额定电流 I_n 为：

$$I_n = 1.5 \times I_j = 1.5 \times 19.65 = 29.48(\text{A}),$$

选择 $I_n = 32\text{A}$ 的断路器。

3）按允许电压损失选择电缆截面

气体放电灯要串联电感镇流器才能正常工作，其电流的相位滞后于电压，功率因数较低，电压损失宜按电流矩法进行计算。

电压损失计算见式（4-4）：

$$\Delta u\% = k \times M_i \times \Delta U_a\% \tag{4-4}$$

式中 $\Delta u\%$——电压损失百分数；

   k——系数，三相平衡配电，$k = 1$；

   M_i——电流矩；

   $\Delta U_a\%$——单位电流矩的电压损失百分数；根据电缆的截面、负荷的功率因数和敷设方式，查电压损失表确定。

$$M_i = I \times L \qquad 末端集中负荷$$

$$M_i \approx 0.5 \times I \times L \qquad 沿线均布负荷（路灯）$$

式中 I——线路始端电流；

   L——线路始端到末端的距离。

路灯的功率因数 $\cos\phi$ 见式（4-5）：

$$\cos\phi = \frac{P_{灯} + P_{镇}}{U \cdot I} \tag{4-5}$$

式中 $P_{灯}$——灯泡的功率；

   $P_{镇}$——镇流器消耗的功率；

   U——电源电压；

   I——灯的工作电流。

$$i = \frac{P_灯 + P_镇}{U \cdot \cos\phi} = \frac{400 + 61.88}{220 \times 0.85} = 2.5(A) \quad (NG400W)$$

$$i = \frac{P_灯 + P_镇}{U \cdot \cos\phi} = \frac{250 + 40.5}{220 \times 0.85} = 1.55(A) \quad (NG250W)$$

$$I = 6 \times 2.5 + 3 \times 1.55 = 19.65(A)$$

$$L = 0.818(km)$$

$$M_i \approx 0.5 \times I \times L = 0.5 \times 19.65 \times 0.818 = 8.03(A \cdot km)$$

查电压损失表，16mm² 铜芯电缆，在 cosΦ 为 0.85 时的单位电流矩电压损失百分数 $\Delta U_a\%$ 为：

$$\Delta U_a\% = 0.512\%(A \cdot km)$$

三相配电，$k=1$；

$$\Delta u\% = k \times M_i \times \Delta U_a\% = 1 \times 8.03 \times 0.512\% = 4.11\%$$

电压损失少于 5%，完全符合标准要求。所以选用 16mm² 的铜芯电缆。

n_3 电缆接的灯只有 20 盏，比 n_1 和 n_2 少，同样可以用 16mm² 的铜芯电缆。

（2）校验末端的电压损失

n_1 和 n_2 电缆接的灯只有 27 盏，每相 9 盏灯，单灯补偿后已计算出每盏灯电流分别为 1.55A，2.5A。始端电流 I 为：$I=19.65A$，始末端距离 $L=0.818km$，负荷沿线均匀分布，电流矩 M_i 即：

$$M_i \approx 0.5 \times I \times L = 0.5 \times 19.65 \times 0.818 = 8.03(A \cdot km)。$$

电压损失按 $\Delta u\% = k \times M_i \times \Delta U_a\%$ 计算，由于三相平衡配电，$k=1$，查电压损失表中的 16mm² 铜电缆，并用内插法查 $\cos\phi = 0.85$ 时的 Δu_a，在 0.486%~0.538%，为 $\Delta u_a = 0.512\%$。

$$\Delta u\% = k \times M_i \times \Delta u_a = 1 \times 8.03 \times 0.512\% = 4.11\%$$

n_3 电缆比 n_1 和 n_2 电缆少接 7 盏灯，始末端距离 $L=0.42km$，$\Delta u\% < 4.11\%$ 验算结果说明，电压损失完全符合要求。

（3）校验电缆的过热保护

查电力电缆直埋敷设长期连续负荷允许载流量表，16mm² 铜芯电力电缆长期允许电流为 70A；其 0.8 倍也有 0.8×70=56(A)，而电缆出线熔丝的额定电流只有 32A，余量很大，不必考虑修正系数，完全能起过热保护作用。

4.3.3　接地保护系统

该工程接地故障保护采用 TN-S 系统。在线路首端、末端、分支点、每隔 3 根钢柱灯杆均设单独接地极，每个单独的接地极的接地电阻应小于10Ω。所有的接地极均与钢柱灯杆、PE 线可靠连接，整个接地网的接地电阻应小于4Ω，且越小越好。

TN-S 系统实现接地故障保护，主要靠电缆出线的熔丝（或断路器）及时断开电源，这就要求故障回路有足够小的阻抗。本工程所选的 16mm² 电缆，其相保电阻为 3.291mΩ/m，818m 远末端的相保电阻为 3.291×818=2692(mΩ)=2.69(Ω)，这是 20℃ 时电阻的 1.5 倍，常温时的电阻为 2.69÷1.5=1.79(Ω)。等截面电缆中的相线与零线截面相同，这个相保电阻和零保电阻应当相等。由于沿线许多接地极的分流作用，实际的等效电阻比 1.79Ω 还要小。

4.4 城市道路照明节能措施

城市道路照明是一项综合性的系统工程，涉及规划立项、方案设计、建设改造、验收检测、器材选用、维护管理等各个环节。总的目标应坚持以人为本，创建以功能性绿色照明为主，努力建立适宜、和谐、友好的城市照明环境，切实改善人居环境质量，提高公共服务水平，构建资源节约型、环境友好型的和谐社会。

4.4.1 城市道路照明节能管理原则

（1）根据城市的定位和总体规划，编制好切合实际的"城市照明专项规划"，并把道路照明节能作为规划设计的重要内容加以贯彻并付诸实施。

（2）优先发展城市功能照明，科学设置景观照明。要把以人为本放在首位，讲求实效，完善城市功能照明，基本消灭无灯区。景观照明应根据城市规模和经济实力，按规划建设、按标准设计，注意亮度与色彩的科学配置，谨防光污染和光干扰。

（3）对采取节能技术措施的照明设施应加强巡视与管理，要同时考核经济效益与社会效益，做到既节能又省钱，力求综合效益的最优化。

（4）坚持建设改造与维护管理并重，加强对城市道路照明设施日常维修养护的考核和管理。

4.4.2 城市道路照明节能技术原则

（1）道路照明系统的技术要求是安全可靠、科学合理、先进适用、维护方便，应用节能技术保证系统的功能达到各项技术指标。

（2）要全面考虑道路照明系统的性能和节能效果，综合考虑光源、灯具及附属装置、照明供电、照明控制等各个技术环节的节能效果和作用。

（3）道路照明节能设备的推广和使用应以安全、可靠、成熟为原则，产品应达到国家、行业的相关技术标准要求，经过专业机构检测审核或环境管理体系认证，优先推广获得国家节能认证的产品。

4.4.3 城市道路照明节能评价指标

（1）《城市道路照明设计标准》CJJ 45 采用照明功能密度作为机动车交通道路照明的节能评价指标。需要注意的是，安装功率应将镇流器和驱动电源所消耗的功耗包括在内。

（2）机动车交通道路的照明功率密度值不应大于表 4-2 的规定。各级道路照明的实际能耗不得超过此限值。

（3）由于照明功率密度与路面宽度即车道数有密切关系，而路面宽度又有多种变化，为了方便使用表 4-2，先选定出现得比较多的车道数作为某等级道路宽度的代表，然后把路宽归为两类，大于或等于此车道数为一类，小于此车道数为另一类。比如，快速路中出现得比较多的是 6 车道，则大于或等于 6 为一类，小于 6 为另一类，设计时就能根据具体道路参数很容易确定所对应的 LPD 值。

（4）不同布置方式的照明功率密度计算区域

1）单侧布置：是单个灯具输入功率与道路的宽度和相邻两个路灯间距的乘积的比值，如图 4-10a 所示。

2）双侧交错布置：是单个灯具输入功率与道路的宽度和相邻两个路灯 1/2 间距乘积的比值，如图 4-10b 所示。

3）双侧对称布置：是单个灯具输入功率与道路的 1/2 宽度和相邻两个路灯间距乘积的比值，如图 4-10c 所示。

机动车交通道路的照明功率密度值　　　　　　　　　　　　表 4-2

道路级别	车道数（条）	照明功率密度（LPD）限值（W/m²）	对应的照度值（lx）
快速路 主干路	≥6	1.00	30
	<6	1.20	
	≥6	0.70	20
	<6	0.85	
次干路	≥4	0.80	20
	<4	0.90	
	≥4	0.60	15
	<4	0.70	
支路	≥2	0.50	10
	<2	0.60	
	≥2	0.40	8
	<2	0.45	

注：1. 本表适用于所有光源；
　　2. 本表仅适用于设置连续照明的常规路段；
　　3. 设计计算照度高于标准值时，LPD 值不得相应增加；
　　4. 当不能准确确定灯的控制装置功耗时，其功耗按照 HID 灯以光源功率的 15% 计算，LED 灯以光源功率的 10% 计算。

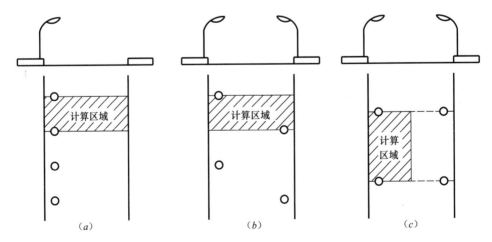

图 4-10　照明功率密度计算区域示意图（一）

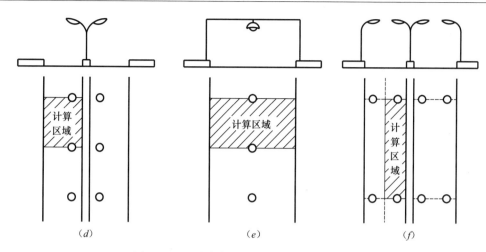

图 4-10　照明功率密度计算区域示意图（二）

4）中心对称布置：是单个灯具输入功率与道路路面（不包括中间分离带）的单向车道宽度和相邻两个路灯间距的乘积的比值，如图 4-10d 所示。

5）横向悬索布置：是单个灯具输入功率与道路的宽度和相邻两个路灯间距的乘积的比值，如图 4-10e 所示。

6）双侧中心——对称布置：是单个灯具输入功率与道路的单向车道 1/2 宽度和相邻两个路灯间距的乘积的比值，如图 4-10f 所示。

4.4.4　城市道路照明设计节能

道路照明设计是实现节能的核心环节，必须给予高度的重视。在进行照明设计时就合理选定照明标准值、节能的照明器材，采用相应的节能措施，并通过计算、分析、比较，使之成为最优方案，这就是最大的节能。按照这样的设计方案实施的工程就是绿色照明工程。照明设计应做好以下工作：

（1）合理选定道路照明标准值。这是设计工作的关键，也是实现节能的前提。这里要防止两种倾向：一种是一讲节能就想到降低标准，这种方法既不科学也不可取，节能绝不是靠降低标准来实现，而是要在符合照明标准要求即确保照明质量的前提下讲节能。另一种倾向是越亮越好，甚至盲目攀比，既增加投资，又浪费能源，还可能造成光干扰和光污染。因此，要根据被照明场所的要求和特点合理选定照明标准值，否则，标准值选高了会造成能源浪费，标准值选低了又不符合照明要求。

（2）优化照明设计。在进行照明设计时，要同时提出多套设计方案，进行设计计算。在确定各项评价指标都符合照明标准的要求后，再进行综合经济分析比较，从中选取最佳的方案。要避免那种不进行设计计算，随心所欲，完全凭经验办事的"设计"。

4.4.5　道路照明运行中的节能措施

道路照明运行期间，在深夜普遍降低路面亮度（照度）是节能效果最为明显的一项措施。一般可在原正常照度和均匀度的情况下降低一个照明等级。采取过和正在采取这种措施的国家也不少。由于深夜车流量小，应该普遍推行这种措施。但是，在居住区不宜推行这种措施。其理由是：

（1）居住区夜间行人的安全和住户的安全极为重要。

（2）居住区的照度本来就不高，如果再降低，节能效果也不明显。

因此，主要应该在主干路、次干路采取这一措施。实施这一措施的办法有：

（1）在电网电压不稳定的地方可采用稳压或降压装置，但照明线路末端电压不应小于198V。实施降压节能的路段，在调压时严禁出现瞬间灭灯现象。

（2）安装变功率镇流器，采用集中控制或单灯控制减少电流和功率实现节能。

（3）深夜车少人稀的道路上，在不影响交通安全的情况下可采取隔盏熄灯和关闭人行道侧路灯的办法实现节能，但不得关闭沿道路纵向相邻的两盏灯具。主城区道路及交叉口不宜采用这种方法节能。

（4）选择合理的控制方式，采用具有可靠度高和一致性好的控制设备也是一项重要的节能措施。城市照明使用集中智能化监控系统，可根据当地天气变化、日出日落和景观照明亮灯时段合理确定开关灯的时间。

（5）配电线路和电线电缆应选择节能型的线缆和配电变压器。

第5章　机动车道路的路面特征及照明评价指标

5.1　机动车驾驶员视觉工作概述

驾驶员的视场由行车道、道路两侧的周边环境、视野中的景观以及天空组成。

对驾驶员来说，获得视觉信息的方式是道路上的任何物体，必须以构成直接背景的那部分视场为衬托，清晰地被展现出来。

行人是交通现场的重要部分。他们出现在各种类型的交通线路上，且与不同的背景形成对比。亮背景处行人会以剪影形式显现，暗背景处以倒剪影的形式显现行人。在城区，环境亮度可能与道路表面的亮度相当，从而减少不舒适眩光的影响，在这些地区对道路照明灯具眩光控制的要求可以不那么严格。在郊区不会减少不舒适眩光的亮背景，在这种情况下，要求更加严格控制道路照明灯具在可以被看见的角度上的光强分布。

5.1.1　气候条件

道路照明在雨天状态下，路面亮度不均匀、不规则，路面还产生眩光，将导致驾驶员对眩光的敏感性增加。

在高速公路上，雨雪、雾霾是不规则的，会导致危险情况的发生。

5.1.2　驾驶员的年龄

视看能力随着驾驶员年龄的增加而降低。首先，眼睛介质的穿透力随着年龄增加而下降。其次，眼睛介质中光的散射随着年龄的增加而增加，这种散射减弱了物体的视对比。最后，人们视网膜感光细胞（接收器）密度随着年龄的增加而减少，降低了眼睛分辨细节的能力，即使眼睛经过屈光矫正也是如此。因此，平均起来70岁的观察者仅有25岁观察者视觉敏锐度的66%。

而且，心理物理学和认识的过程随着年龄增加而变慢，因此，较年长的驾驶员需要更多时间、更长距离对前方交通状况做出反应。

5.1.3　驾驶员的作业和视觉要求

驾驶作业有三个层面：位置层面、环境层面、行驶层面。

在正常驾驶期间，这三者是同时完成的。随着驾驶作业复杂性增加，有一种忽视较高层面的倾向。

现将这三个基本层面叙述如下：

（1）位置层面—正常驾驶、维持所希望的速度和继续保持在车道内所必须的速度进行调整。因此，要有足够多的时间看清沿路设置的路标、边界线、路缘石之类的信息，以便安全地保持车辆的速度和位置。

（2）环境层面—由于路况、驾驶或环境状况的改变而要求改变速度、行驶方向、在道路上的位置。物体的可见度和道路表面的亮度水平及分布有关。平均路面亮度很大程度上决定人眼睛的适应水平。背景亮度水平产生的适应水平越高，眼睛对比就越敏感，视功能越好。

（3）行驶层面—从起点到目的地沿着某一路线行进。驾驶员能清晰看清路标、环境、交叉路口、导向标志及其他规范的信息资源。要求路面走向明显，尤其是在交叉路口、分叉口和立交桥，驾驶员要做出恰当的驾驶动作。

为了能安全实施不同层面的驾驶作业，好的视觉条件必须遍布整个道路场面。

5.1.4　直接视觉诱导性

通过勾画道路前方走向，灯具发出的直接光可以帮助驾驶员。这在弯曲道路和复杂的交会点也许特别有意义，在雾天照明系统的贡献最有益。

5.1.5　公共照明的研究

当照明水平降低时，人们的视觉敏锐度、对比灵敏度、判断距离、视看速度和颜色分辨就会降低。

道路亮度及其均匀度对人们察觉舒适性的影响，已经在模型和实际的道路装置中有所表现。

5.2　路面特性及分类

路面上的亮度和照度有联系但又不同。入射到路面上的光，一部分被路面反射，另一部分被路面吸收。被反射的这部分光到过观察者的眼睛，产生明亮的感觉。因此，观察者所感受到的是路面亮度，而不是照度，但路面亮度和照度有一定联系。路面上某一点的照度与灯具本身的光特性以及该点的几何位置有关，而亮度除了与上述因素有关外，还与路面的反光特性有关。因此，为了计算路面的亮度，必须知道特定路面的反光特性及观察者所处的位置。

由于路面的反光特性在决定道路照明的效果中起重要作用，所以，研究人员很早就开始了对路面反光理论的研究。但是这些反射理论均未能给出定量描述反光特性的方法，目前，采用亮度系数完整确定路面反光特性。

5.2.1　亮度系数（q）

为了说明路面的不同特性，引入了亮度系数的概念。入射到路面上某一点的光，一部分被路面反射，其余的被吸收，被反射的光到达观察者的眼睛，产生明亮的感觉。观察者所观察到的某一点的亮度与该点上的照度及反光特性成正比，见式（5-1）：

$$L = qE \tag{5-1}$$

式中　L——亮度；

　　　q——亮度系数；

E——水平照度。

由式（5-1）可知：亮度系数是由一个灯具在某一点上产生的亮度与在同一点上的水平照度之间的比值。它除了与路面材料有关外，还取决于观察者和光源相对于路面上所考察的那一点的相对位置，即 $q=q(\beta,\gamma)$。其中，β 为光的入射平面和观察平面之间的角度，γ 为入射光线的垂直角（图 2-17）。

对道路来说，亮度系数只取决于两个值：β 和 γ，见式（5-2）：

$$q=q(\beta,\gamma) \tag{5-2}$$

根据式（5-1）和式（5-2）可以得到式（5-3）：

$$
\begin{aligned}
L &= q(\beta,\gamma) \cdot E(C,\gamma) \\
&= \frac{q(\beta,\gamma) \cdot I(C,\gamma)}{h^2} \cdot \cos^3\gamma \\
&= R(\beta,\gamma) \cdot \frac{I(C,\gamma)}{h^2}
\end{aligned}
\tag{5-3}
$$

式中 $R(\beta,\gamma)=q(\beta,\gamma)\cos^3\gamma$；

$R(\beta,\gamma)$ ——简化亮度系数；

$I(C,\gamma)$ ——灯具指向 C、γ 所确定的方向上的光强。

只有知道了 $q(\beta,\gamma)$ 或 $R(\beta,\gamma)$ 时才有可能进行亮度计算。实际路面的 q 或 R 只有通过测量才能获得。由于我国目前尚没有自己的路面亮度系数，因此，本章节进行亮度计算时建议采用 CIE 和道路代表大会国际常设委员会（PIARC）共同推荐的简化亮度系数表（表 5-4、表 5-5）。

5.2.2　路面分类

所有路面乃至路面上的各个部位在反光特性上都会存在差异，而且，由于道路使用造成的磨损以及天气的变化，反光性能也会随时发生变化。假如不知道路面准确的亮度系数（或 r 表），但能够根据路面的反光性能对路面进行分类，则会给灯具性能数据文件的汇编，以及近似的亮度计算带来极大的方便。那么，下面的问题就是路面应分为多少类、如何进行分类、分类的依据是什么等。

在进行路面分类时应遵循的原则，即采用一种标准路面来代表某一类路面或者大量的路面。如果选择的标准路面少一些，即可要求减少一些灯具数据，但问题是会增加亮度计算的误差。所以，需要在保证亮度计算准确的基础上尽量减少标准路面的类别，这就要求所使用的标准路面应该是常用路面的代表。

研究结果表明，可以在三个特征参数（Q_0、S_1、S_2）的基础上建立起具有可以接受的准确度的分类系统，通过比较少的标准路面类别获得足够高的准确度，此外，路面可以只根据镜面系数 S_1 进行分类。道路材料反射特性分类三个特征参数：

（1）Q_0 为平均亮度系数，它的定义见式（5-4）：

$$Q_0 = \frac{\int_0^{\Omega_0} q(\beta,\gamma)\,\mathrm{d}\omega}{\Omega_0} \tag{5-4}$$

其中 Ω_0 是如图 5-1 所示的立体角，它是由高为 h，长为从向着观测者方向距 P 点 $4h$

的点到远离观测者方向距 P 点 $12h$ 的点，宽为从观测者左边 $3h$ 的点到右边 $3h$ 的点的一个平面和顶点 P 点所约束构成。

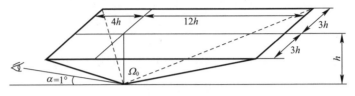

图 5-1　为平均亮度系数 Q_0 定义

（2）S_1 和 S_2 是表征反射特性的参数，S_1 是两个不同角度下 r 值之比，其分子在镜面反射特性比较明显时较大，分母在漫反射特性比较明显时较大。S_2 是平均亮度系数和 S_1 分母的比值。S_1、S_2 见式（5-5）、式（5-6）：

$$S_1 = \frac{r(0,2)}{r(0,0)} = \frac{r(\beta=0°,\tan\gamma=2)}{r(\beta=0°,\tan\gamma=0)},\tag{5-5}$$

$$S_2 = \frac{Q_0}{r(0,0)}\tag{5-6}$$

平均亮度系数 Q_0 反应材料表面整体反射亮度系数。当 Q_0 值改变时，反射特性等比线形状没有改变，改变的是总体积，见图 5-2（a）。Q_0 值不变，改变 S_1 的值，反射特征等比线形状改变，而总体积不变，见图 5-2（b）。

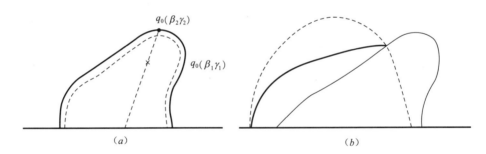

图 5-2　反射特性等比线

目前，根据镜面系数 S_1，CIE 将干燥路面的划分为三类：R 类、N 类和 C 类，路面材料反射特性分成 R_1、R_2、R_3、R_4，四个分类。如表 5-1～表 5-3 所示。

R 类干燥路面定义　　　　表 5-1

类别	S_1 范围	S_1 标准值	Q_0 标准值
R_1	$S_1 < 0.42$	0.25	0.10
R_2	$0.42 \leqslant S_1 < 0.85$	0.58	0.07
R_3	$0.85 \leqslant S_1 < 1.35$	1.11	0.07
R_4	$1.35 \leqslant S_1$	1.55	0.08

每一种路面都对应 r 表，表 5-4 和表 5-5 用于进行道路照明的计算。在实际应用中，往往通过测定路面材料 S_1 值确定一个表格分类，再用这个分类的标准 r 表进行计算。使

用时，标准 r 表必须乘以一个校正系数，这个校正系数为实际测量 Q_0 值与标准表格对应的 Q_0 值的比值。

N 类干燥路面定义 表 5-2

类别	S_1 范围	S_1 标准值	Q_0 标准值
N1	$S_1<0.28$	0.18	0.10
N2	$0.28{\leqslant}S_1<0.60$	0.41	0.07
N3	$0.60{\leqslant}S_1<1.30$	0.881	0.07
N4	$1.30{\leqslant}S_1$	1.61	0.08

C 类干燥路面定义 表 5-3

类别	S_1 范围	S_1 标准值	Q_0 标准值
C1	$S_1{\leqslant}0.40$	0.24	0.10
C2	$S_1>0.40$	0.97	0.07

虽然我国在路面反射特性方面作了一些研究，但由于尚未组织全国性的路面样品测量，所以暂时还没有行业认可的路面亮度系数。因此，现行行业标准《城市道路照明设计标准》CJJ45 建议采用 CIE 和道路代表大会国际常设委员会（PIARC）共同推荐的简化亮度系数表（表 5-4、表 5-5）。

沥青路面的简化亮度系数 (r) 表 5-4

$\beta(°)$ / $tg\gamma$	0	2	5	10	15	20	25	30	35	40	45	60	75	90	105	120	135	150	165	180
0	294	294	294	294	294	294	294	294	294	294	294	294	294	294	294	294	294	294	294	294
0.25	326	326	321	321	317	312	308	308	303	298	294	280	271	262	258	253	249	244	240	240
0.5	344	344	339	339	326	317	308	298	289	276	262	235	217	204	199	199	199	199	194	194
0.75	357	353	353	339	321	303	285	267	244	222	204	176	158	149	149	149	145	136	136	140
1	362	362	352	326	276	249	226	204	181	158	140	118	104	100	100	100	100	100	100	100
1.25	357	357	348	298	244	208	176	154	136	118	104	83	73	70	71	74	77	77	77	78
1.5	353	348	326	267	217	176	145	117	100	86	78	72	60	57	58	60	60	60	61	62
1.75	339	335	303	231	172	127	104	89	79	70	62	51	45	44	45	45	45	45	46	47
2	326	321	280	190	136	100	82	71	62	54	48	39	34	34	34	35	36	36	37	38
2.5	289	280	222	127	86	65	54	44	38	34	25	23	22	23	24	24	24	24	24	25
3	253	235	163	85	53	38	31	25	23	20	18	15	15	14	15	15	16	16	17	17
3.5	217	194	122	60	35	25	22	19	16	15	13	9.9	9.0	9.0	9.9	11	11	12	12	13
4	190	163	90	43	26	20	16	14	12	9.9	9.0	7.4	7.0	7.1	7.5	8.3	8.7	9.0	9.0	9.9
4.5	163	136	73	31	20	15	12	9.9	9.0	8.3	7.7	5.4	4.8	4.9	5.4	9.1	7.0	7.7	8.3	8.5
5	145	109	60	24	16	12	9.0	8.2	7.7	6.8	6.1	4.3	3.2	3.3	3.7	4.3	5.2	6.5	6.9	7.1
5.5	127	94	47	18	14	9.9	7.7	6.9	6.1	5.7										
6	133	77	36	15	11	9.0	8.0	6.5	5.1											

续表

tgγ \ β(°)	0	2	5	10	15	20	25	30	35	40	45	60	75	90	105	120	135	150	165	180
6.5	104	68	30	11	8.3	6.4	5.1	4.3												
7	95	60	24	8.5	6.4	5.1	4.3	3.4												
7.5	87	53	21	7.1	5.3	4.4	3.6													
8	83	47	17	9.1	4.4	3.6	3.1													
8.5	78	42	15	5.2	3.7	3.1	2.6													
9	73	38	12	4.3	3.2	2.4														
9.5	69	34	9.9	3.8	3.5	2.2														
10	65	32	9.0	3.3	2.4	2.0														
10.5	62	29	8.0	3.0	2.1	1.9														
11	59	26	7.1	2.6	1.9	1.8														
11.5	56	24	6.3	2.4	1.8															
12	53	22	5.6	2.1	1.8															

1. 平均亮度系数 $Q_0 = 0.07$；

2. 表 5-4 中 r 值已扩大 10000 倍，实际使用时应乘以 10^{-4}。

水泥混凝土路面的简化亮度系数（r）　　　　表 5-5

tgγ \ β(°)	0	2	5	10	15	20	25	30	35	40	45	60	75	90	105	120	135	150	165	180
0	655	655	655	655	655	655	655	655	655	655	655	655	655	655	655	655	655	655	655	655
0.25	619	619	619	619	610	610	610	610	610	610	610	610	610	601	601	601	601	601	601	601
0.5	539	539	539	539	539	539	521	521	521	521	521	503	503	503	503	503	503	503	503	503
0.75	431	431	431	431	431	431	431	431	431	431	395	386	371	371	371	371	371	386	395	395
1	341	341	341	341	323	323	305	296	287	287	278	269	269	269	269	269	269	278	278	278
1.25	269	269	269	260	251	242	224	207	198	189	189	180	180	180	180	180	189	198	207	224
1.5	224	224	224	215	198	180	171	162	153	148	144	144	139	139	139	144	148	153	162	180
1.75	189	189	189	171	153	139	130	121	117	112	108	103	99	99	103	108	112	121	130	139
2	162	162	157	135	117	108	99	94	90	85	85	83	84	84	86	90	94	99	103	111
2.5	121	121	117	95	79	66	60	57	54	52	51	50	51	52	54	58	61	65	69	75
3	94	94	86	66	49	41	38	36	34	33	32	31	31	33	35	38	40	43	47	51
3.5	81	80	66	46	33	28	25	23	22	22	21	21	22	22	24	27	29	31	34	38
4	71	69	55	32	23	20	18	16	15	14	14	14	15	17	19	20	22	23	25	27
4.5	63	59	43	24	17	14	13	12	12	11	11	11	12	13	14	14	16	17	19	21
5	57	52	36	19	14	12	10	9.0	9.0	8.8	8.7	8.7	9.0	10	11	13	14	15	16	16
5.5	51	47	31	15	11	9.0	8.1	7.8	7.7	7.7										
6	47	42	25	12	8.5	7.2	6.5	6.3	6.2											
6.5	43	38	22	10	6.7	5.8	5.2	5.0												
7	40	34	18	8.1	5.6	4.8	4.4	4.2												
7.5	37	31	15	6.9	4.7	4.0	3.8													
8	35	28	14	5.7	4.0	3.6	3.2													

续表

tgγ＼β(°)	0	2	5	10	15	20	25	30	35	40	45	60	75	90	105	120	135	150	165	180
8.5	33	25	12	4.8	3.6	3.1	2.9													
9	31	23	10	4.1	3.2	2.8														
9.5	30	22	9.0	3.7	2.8	2.5														
10	29	20	8.2	3.2	2.4	2.2														
10.5	28	18	7.3	3.0	2.2	1.9														
11	27	16	6.6	2.7	1.9	1.7														
11.5	26	15	9.1	2.4	1.7															
12	25	14	5.6	2.2	1.6															

注：1. 平均亮度系数 $Q_0=0.10$；
2. 表 5-5 中 r 值已扩大 10000 倍，实际使用时应乘以 10^{-4}。

5.2.3 r 表在实际工作中的使用

我们在进行道路照明设计时，可以使用 R 分类系统或 C 分类系统的 r 表。在使用该表时，首先要通过现场测量得出 Q_0 值和 S_1 值，根据表 5-1 或表 5-3 就可以判断它属于哪一类路面，然后选用代表该类路面的 r 表。要注意，同一类路面的 Q_0 值可能相差很远，而 r 表中的简化亮度系数值仅与该表的标准路面 Q_0 值对应。

如果无法通过现场测量的方法去获得 Q_0、S_1 和 S_2 值，只能根据实际路面所使用的材料（表 5-6）判定它属哪一类路面，进而选用对应的 r 表，而此时只能使用代表该类路面的 Q_0 标准值。这种方法是一种近似方法，亮度计算结果的精度往往有一些差距。

根据路面材料分类　　　　表 5-6

类别	说明
R₁	（1）沥青类路面，包括含有 15％以上的人造发光材料或 30％以上的钙长石
	（2）路面的 80％覆盖有含碎料的饰面材料，碎料主要由人造发光材料或钙长石组成
	（3）混凝土路面
R₂	（1）路面纹理粗糙
	（2）沥青路面，含有 10％～15％的人工发光材料
	（3）粗糙、带有砾石的沥青混凝土路面，砾石的尺寸不小于 10mm，且所含砾石大于 60％
	（4）新铺设的沥青砂
R₃	（1）沥青混凝土路面，所含的砾石尺寸大于 10mm，纹理粗糙如砂纸
	（2）纹理已磨亮
R₄	（1）使用了几个月后的沥青砂路面
	（2）路面相当光滑

5.3　道路照明的质量评价

选择机动交通道路照明的质量评价指标，最为普遍采用的方法是基于亮度概念，虽然在以前，照度为某些国家所采用，但经验告诉我们它不是令人满意的评价指标。因此，采用路面亮度水平、均匀度、眩光控制作为质量评价指标。在拥挤的交通状况下，很多时候驾驶员观看路面会受到车辆的遮挡，然而，提供好的路面亮度水平和均匀度并有适当的眩光控制的方法已在许多国家得到广泛的采用。数十年来，采用这些评价指标所取得的经验表明它们为道路照明设计提供了满意的基础。

道路照明的评价指标：

机动车道路照明评价指标：路面平均亮度或路面平均照度、路面亮度总均匀度和纵向均匀度或路面照度均匀度、眩光限制、环境比和诱导性。

机动车道路交会区照明评价指标：路面平均照度、路面亮度总均匀度和眩光限制。

人行道路照明评价指标：路面平均照度、路面最小照度、垂直照度、半柱面照度和眩光限制。

5.3.1　路面平均亮度（L_{av}）

这是照明装置整个寿命期内需要维持的最小值。它取决于灯具的光分布、光源的光通量、装置的安装条件及路面的反光性能。

计算值应考虑灯具和光源的维护系数。灯具的维护系数随清扫间隔、大气污染程度、灯具光源室的密封质量变化而变化，其值可通过现场测量而定。光源光通量的维护系数随着光源的类型和功率的改变而改变，其值可从光源生产厂家得到。

5.3.2　亮度总均匀度 U_o

为了使路面上各区域内各点有足够的辨识效果，需要确定路面最小亮度和平均亮度之间的比值，这对辨认可靠性来讲是非常重要的。

5.3.3　阈值增量（TI）

这是由道路照明灯具产生的失能眩光而导致的可见度损失的一种度量。计算 TI 的公式是基于物体在无眩光时刚刚可以看见、在有眩光时要使物体看得见需要增加的亮度差百分比。

TI 对应最差的条件即清洁灯具和光源初始光通量进行计算。

5.3.4　亮度纵向均匀度（U_L）

当驾驶员在路面上行驶时，在行进前方的路面上，相继出现频繁的明暗区域时，增加了驾驶员眼睛的视觉疲劳。因此，为给驾驶员提供舒适的视看条件，要求沿车道轴向中心线有一定亮度纵向均匀度（U_L），以便对最小亮度（L_{min}）和最大亮度（L_{max}）比值控制。

5.3.5　环境比（SR）

环境比的功能是确保射向周边的光线足以暴露物体。这种光线在有步行道的地方对行人也是有好处的。

对于已经提供了周边照明的情况，就没有必要再提出环境比的问题。

环境比是和车行道两侧路缘相邻 5m 宽的路带上（如果空间不允许还可以窄些）的平均照度与该车行道上 5m 宽的路带上或 1/2 宽的车行道上的平均照度之比。

5.3.6 不舒适眩光

眩光对驾驶员的视觉舒适感，同样有很大影响。目前尚没有测量不舒适眩光的仪器，只能通过调查实验和采用公式计算的方法，得出不舒适眩光的限制标准。实验研究证明，驾驶员感受到的不舒适眩光，可用眩光控制等级（G）度量，亮度取决于各种照明器和其他道路照明装置的特性。

从道路照明现场的实际观察可以看到：所推荐的阈值增量范围内设计的装置，其相关的不舒适眩光通常是可以被接受的。

明亮的环境，如照亮的建筑物，有助于减轻不舒适眩光。但由于建筑物立面照明是可变的，且在夜间照明可能被关掉，因此，在道路照明设计中降低对不舒适眩光的要求是不实际的。

5.3.7 诱导性

诱导性对于交通安全和舒适性同样有着非常重要的作用。从识别的可靠性和视觉舒适感来看，诱导性是不能被忽略的，但诱导性不可能给出定量参数。诱导性有视觉诱导和光学诱导两个方面，两者既有区别，又有关联。

视觉诱导是指通过道路的诱导辅助设施使驾驶员明确自身所在位置，以及道路前方的走向。除灯杆的排列，主要还有道路交通标志线、路缘、应急路栏等交通设施。

光学诱导是指通过灯具和灯杆的排列、灯具的外形外观、灯光颜色等的变化来标示道路走向的改变。

第6章　道路照明现场测量

工程检测是依据国家有关法律、法规、工程建设标准和设计文件，对建设工程的材料、构配件、设备，以及工程实体质量、使用功能等进行测试确定其质量特性的活动。城市照明工程检测以保障视觉功能要求和有利工作效率与安全、节约能源和保护环境，确定维护和改善照明的措施为目的而进行检测，主要检测以下方面：

(1) 检验照明设施所产生的照明效果与所执行标准的符合情况。

(2) 检验照明设施所产生的照明效果与设计要求的符合情况。

(3) 各种照明设施的实际照明效果的比较。

(4) 测定照明随时间变化的情况。

照明工程检测作为确保城市照明工程质量的关键环节，对于保证工程质量，规范市场竞争，引导产业健康发展均具有十分重要的意义。

6.1　光度测量仪器简介

6.1.1　照度计

照度计是一种测量照度的仪器。照度计的质量由以下五个方面的因素决定：

(1) 光谱响应特性：硒光电池或硅光电池的基本光谱响应不同于人的视觉系统的光谱响应。如果光电池不加修正而直接使用，在测量光谱能量分布不同的光源，特别是测量具有非连续光谱的气体放电灯产生的照度时，就会出现较大的误差。所以，为了获得精确的照度测量，必须对光电池的光谱灵敏度进行 $V(\lambda)$ 修正，即在光电池上加滤光片，从而使其光谱灵敏度曲线与 $V(\lambda)$ 曲线的偏离可以忽略（图 6-1）。

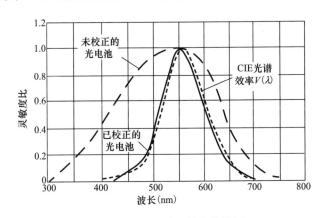

图 6-1　相对光谱灵敏度曲线图

（2）角度响应特性：是点光源 S 在被面处产生的照度与被照面法线和入射光线之间夹角 θ 的余弦成正比。而当光束入射半导体光电池时，光束中的光能量会在光电池表面及其内部产生一个比较复杂的随光束入射角变化而变化的反射、透射和吸收的过程，同时，固定光电池的部件也会对部分光线形成遮挡，从而导致其角度响应特性并不符合余弦定律，且因此产生的误差随入射角的增大而增大。目前常用的照度计修正方法是：在光电池前端增加一个用均匀漫射材料制成的余弦修正器，使光束无论以何角度入射，光电池探头接收到的都是均匀漫射光，同时，此均匀漫射光的光通量与入射光束的光通量之间符合余弦法则（图 6-2）。

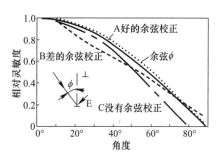

图 6-2 余弦修正关系曲线图
注：光电探测器的空间响应

（3）响应的线性：在测量范围内，照度计的示值应该与光电池受光面上的照度值保持线性关系。然而对于硅光电池来说，光电池的开路电压与光照度的关系是非线性的，且在光照度为 2000lx 时就趋于饱和，而光电池的短路电流在很大范围内与光照度呈线性关系，且负载电阻越小，这种线性关系越好，同时线性范围越宽。因此，为使照度计的示值与其光电池探头受光面上的照度保持线性关系，应当尽量减小负载电阻，使光电池在接近短路的状态工作，也就是把光电池作为电流源来使用。目前通常的做法是将光电池连接在一个运算放大器的输入端，由于运算放大器的输入阻抗很大，而输出阻抗较小，可以保证硅光电池在一个较大范围内都能够实现线性响应。

（4）对温度的敏感性：温度改变的对光电池所连接的电路内阻产生影响，因此环境温度的变化会引起测量误差。硒光电池比硅光电池对温度更敏感。相关规程规定照度计检定时的环境温度应保持在（20±5）℃，湿度小于 85%RH。因此，使用照度计的最佳环境温度为 15～25℃。合格的照度计在使用说明书上都应列有该照度计对温度的适应范围。

实际上光电池总是和外电路、表头联系在一起使用，而外电路、表头电阻有一定的温度系数，这就有可能通过外电路表头的选择，使得光电池对温度的依赖性可以得到部分的补偿。因此，作温度修正时应把整个照度计作为一个整体统一考虑。如图 6-3 所示，给出

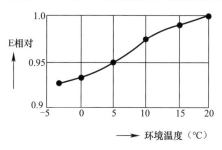

图 6-3 照度计对温度的
依赖特性

了一种照度计对温度的依赖特性，纵轴为照度计测得照度值与实际照度值之比，横轴为环境温度。由此可以得出结论：当实际测量时的环境温度与标定时的环境温度相差不是很大，且对测量精度无很高要求时，对测试结果不一定进行温度修正。但若使用的是硅光电池，由于其光电池输出特性依赖环境温度，应该根据生产厂商给出的修正系进行修正，以保证测量数据的精确。

在潮湿的空气中，光电池会吸收潮气，可能引起光电池损坏、变质，甚至完全失去灵敏度。因此，要求照度计的受光部分有较好的密封性能，以延长光电池的使用寿命，更不能将其储放在潮湿或有剧烈振动的环境中。

另外，光电池使用一段时间后，灵敏度会降低，其他特性也会有不同程度的变化。因此，照度计使用一段时间后，应重新定标，并应每年校正一次。

（5）疲劳特性：照度计在检测超高照度或长时间检测一个特定照度时，都可能会使半导体光电池内部的电子空穴对达到饱和状态无细微变化，这被称为光电池的疲劳效应。疲劳效应会引起照度计读数的不准确，由此带来的误差是疲劳误差。照度计的疲劳误差值一般会在产品说明书中列出，且不应超过相关标准限值的要求。

一个合格的照度计应具有光谱频率响应修正、余弦响应修正、响应线性程度高、不易受环境温度影响、疲劳误差小的特点。按现行规程《光照度计检定规程》JJG 245 的要求进行检定。照度计的技术要求见表 6-1。

照度计的技术要求 表 6-1

技术要求项目	标准照度计	一级照度计	二级照度计
相对示值误差（%）	≤±1.0	≤±4	≤±8
$V(\lambda)$ 匹配误差（%）	≤3.5	≤5	≤8
余弦特性误差（%）	≤2	≤4	≤6
非线性误差（%）	≤±0.3	≤±1	≤±2.5
换挡误差（%）	≤±0.2	≤±1	≤±2
疲劳误差（%）	≤−0.2	≤−0.5	≤−1
红外响应误差（%）	≤1	≤2	≤4
紫外响应误差（%）	≤0.5	≤1.5	≤2.5
温度系数（%/℃）	≤±0.2	≤±0.5	≤±1.0

根据现行国家标准《照明测量方法》GB/T 5700 的规定，对于照明的照度测量应采用特定的光照度计，对于道路和广场照明的照度测量，应采用分辨力≤0.1lx 的光照度计。同时，在使用照度计进行测量时，应注意以下问题：

（1）光电池所产生的光电流在很大程度上依赖于环境温度，而且光电池又是在一定的环境温度下标定的，因此，当实测照度时的环境温度和标定时的环境温度差别很大，就得对温度影响进行修正。

（2）由于照度计的光度头作为一个整体进行标定或校准，因此，使用时，不可以把 $V(\lambda)$ 滤光器或余弦修正器拆下不用，否则会得到错误的测试结果。

（3）由于光电池表面各点的灵敏度不相同，测量时，应尽可能使光均匀布满整个光电池面，否则也会引入测量误差。

（4）由于光电池使用时间长会老化，因此，对照度计要进行定期或不定期的校准，校准间隔要视照度计的质量和使用多寡而定，一般应一年校准一次。

（5）在潮湿空气中，光电池有吸收潮气的趋向，有可能会损坏、变质或完全失去光灵敏度。因此，要把光电池保存在干燥环境中。

6.1.2 亮度计

亮度计是一种测量亮度的仪器。从测光原理可分为成像式亮度计和遮光筒式亮度计。其工作原理都是由视觉（或色觉）匹配的探测器、光学系统以及与亮度（或三刺激值）成比例的信号输出处理系统所组成。它们的差别主要在于光学系统的显著不同。

1. 成像式亮度计工作原理

成像式亮度计工作原理如图 6-4 所示。

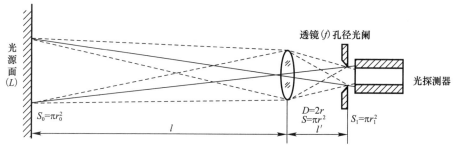

图 6-4　成像式亮度计工作原理

亮度可以根据相机快门、光圈等因素，通过式（6-1）计算得出：

$$L = 2^{EV} \frac{4H_0}{S\pi\tau\zeta}\left(\frac{l'}{f}\right)^2 \tag{6-1}$$

式中　π——圆周率；

　　　L——被摄景物亮度；

　　　f——焦距；

　　　τ——摄影镜头的透光率；

　　　ζ——摄影镜头杂光修正系数；

　　　l'——像距；

　　　H_0——定标常数，数值为 $10\text{lx}\cdot\text{s}$；

　　　S——感光度；

　　　EV——曝光值，计算式中：$2^{EV} = \dfrac{F^2}{t}$；

　　　F——摄影时的光圈数；

　　　t——快门曝光时间。

2. 遮光筒式亮度计工作原理

遮光筒式亮度计工作原理如图 6-5 所示。

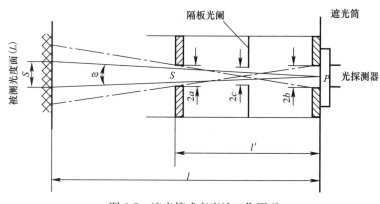

图 6-5　遮光筒式亮度计工作原理

见图 6-5，亮度为 L 的发光面 S 在探测面包含 P 点的面元上形成的法向照度见式（6-2）：

$$E = L \frac{S}{l^2} = \omega L \qquad (6-2)$$

式中　ω——以 P 为顶点，S 面为底所张的立体角。

在图 6-5 中，P 点是遮光筒后开口的中心点。当遮光筒及前后开口的尺寸设定之后，该立体角 ω 便已确定，从而探测面上的照度与发光面的亮度成比例。于是，式（6-2）可变为式（6-3）：

$$E = k_\omega L \qquad (6-3)$$

式中　k_ω——比例系数。

由于亮度计的关键测光部件光电探测器与照度计的光电探测器相同，均为经过修正的光电池，按现行规程《亮度计检定规程》JJG 211 规定，亮度计可分为标准亮度计、一级亮度计和二级亮度计，并应分别满足表 6-2 的计量性能要求。

亮度计计量性能要求　　　　　　　　　　　　　　　　　　　　　表 6-2

性能要求项目	标准亮度计	一级亮度计	二级亮度计
示值误差（Δx，Δy）	≤±2.5% (0.01)	≤±5% (0.02)	≤±10% (0.04)
线性误差	≤±0.5%	≤±1.0%	≤±2.0%
换挡误差	≤±0.5%	≤±1.0%	≤±2.0%
疲劳特性	≤±0.5%	≤±1.0%	≤±2.0%
稳定度	≤±1.0%	≤±1.5%	≤±2.5%
测量距离特性	≤±0.5%	≤±1.0%	≤±2.0%
色校准系数变化量	≤±0.01	≤±0.02	≤±0.04
视觉匹配误差 $u(y)$	≤3.5%	≤5.5%	≤8.0%

根据现行国家标准《照明测量方法》GB/T 5700 的规定，亮度测量应采用不低于一级的亮度计。在道路照明测量中只要求测量平均亮度时，可采用积分亮度计。除测量平均亮度外，还要求得出亮度总均匀度和亮度纵向均匀度时，宜采用带望远镜头的光亮度计，其在垂直方向的视角应小于或等于 $2'$，在水平方向的视角应为 $2' \sim 20'$。

6.1.3　道路照明测量的其他仪器

1. 光谱辐射计

光谱辐射计用于测量光谱辐射照度、光谱辐射亮度或相对光谱功率分布的光学仪器。光谱辐射计被应用于照明光源颜色（色表）、显色性以及亮度分布等项目的测试领域。光谱辐射计应至少包括一组单色仪系统，入射光学系统和光辐射探测系统。单色仪系统可以由一组或多组分光元件组成。入射光学系统可以是积分球、余弦漫射头、光学镜头或光纤头等。光辐射探测系统可以采用阵列式探测器，或光电探测器结合光谱扫描。根据现行标准《光谱辐射计校准规范》JJF 1975 规定，光谱辐射计的计量特性建议满足：

（1）波长示值误差：200～1000nm 波段，波长示值误差优于±1.0nm；1001～2550nm 波段，波长示值误差优于±2.0nm。

（2）波长重复性优于 0.5nm。

（3）光谱辐射照（亮）度相对示值误差/相对光谱功率分布示值误差小于 2.0%。

（4）光谱辐射照（亮）度示值年变化率/相对光谱功率分布示值年变化率小于10%。

（5）非线性误差小于1.0%。

（6）杂散光系数小于1.0%。

2. 功率计

电功率测量应采用精度不低于1.5级的数字功率计，并应有谐波测量功能，且其检定应符合现行标准《交流数字功率表》JJG 780 的规定。

3. 电压表

电压测量应采用精度不低于1.5级电压仪表，且其检定应符合现行标准《交流数字电压表检定规程》JJG（航天）34 的规定。

4. 电流表

电流测量应采用精度不低于1.5级电流仪表，且其检定应符合《交流数字电流表检定规程》JJG（航天）35 的规定。

6.2 道路照明照度测量

6.2.1 测量的路段、范围和布点方法

（1）测量路段的选择：宜选择灯间距、高度、悬挑、仰角和光源有一致性的平坦路段。

（2）照度测量的路段范围：在道路纵向应为同一侧两根灯杆之间的区域。在道路横向，当采用单侧布灯时，应为整条路宽；对称布灯、中心对称布灯和双侧交错布灯时，只取 1/2 路宽。

（3）照度测量的布点方法：应将测量路段划分为若干大小相等的矩形网格。当路面的照度均匀度比较差或对测量的精确度要求较高时，划分的网格数可多一些。当两灯杆间距小于或等于50m时，只沿道路（直道或弯道）纵向将间距10等分；当两灯杆间距离大于50m时，测点纵向间距小于5m。在道路横向宜将每条车道二等分或三等分。当路面的照度均匀度较好或对测量的精确度要求较低时，划分的网格数可少一些。纵向网格边长可按上述的规定取值，而道路横向的网格边长可取每条车道的宽度。

（4）需要进行路面亮度测量时，沿道路方向测量路段前方5倍灯具安装高度和测量路段后方12倍灯具安装高度范围的路灯应均匀布置且按设定工况点燃，如图6-6所示。

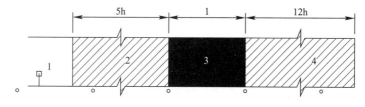

图 6-6 路面亮度测试示意图

1—观测点；2—测量路段前方；3—测量路段；4—测量路段后方；h—灯具安装高度；l—灯杆间距。

（5）照明现场的电参数测量应包括以下内容：单个照明灯具的电气参数，如工作电流、输入功率、功率因数、谐波含量等。照明系统的电气参数，如电源电压、工作电流、线路压降、系统功率、功率因数、谐波含量等。测量宜采用有记忆功能的数字式电气测量仪表。

6.2.2　路面照度的现场测量

路面照度概念，通常路面上某一点照度有两层意思：一是包含该点的小面元（由接收器尺寸所决定）上的平均照度；二是除了特别指明外，一般照度是指该点在水平面上的照度，即水平照度。

测量时，先把被测路面划分成许多小网格，并认为每块小网格的照度分布是均匀的。然后，测出每块小网格上的照度。最后，把各小网格上的照度值与其所对应的小网格的面积相乘并求和，再除以这些小网格面积的总和，便得出被测路面的平均照度。由此可见，测量某一段路面的平均照度时，首先，要把该段路面划分成许多小网格（通常是面积相等的正方形或长方形），其次，测出每个网格上的照度，最后，进行数据计算，就可得出平均照度。实际上，平均照度是指射入路面的光通量与该路面面积的比值。

1. 机动车道的照度测量

进行照度测量时，要选择能够代表被测道路照明状况的地段，比如，有一条道路，灯具安装间距最小为35m，最大为40m，多数为37m，则应选择间距为37m的地段作为测量场地。此外，光源的一致性，灯具安装（包括悬臂长度、仰角、安装高度等）的规整性也应被考虑。测量场地在纵方向（沿道路走向）应包括同一侧的两个灯杆之间的区域，而在横方向，单侧布灯应考虑整个路宽，双侧交错和双侧对称布灯或中心对称布灯可考虑1/2路宽。当需要考虑环境照明状况时，横方向测量区应从路缘向外扩展，应考虑1.5倍车道宽度。

照度测量方法。照度测量的测点高度应为路面，应采用中心点照度测量法：把同一侧两灯杆间的测量路段划分成若干个大小相等的矩形网格，把测点设在每个矩形网格的中心。这种布点方法的基础是假定网格中心测得的照度代表了整个网格的照度。中心点照度测量法如图6-7所示。

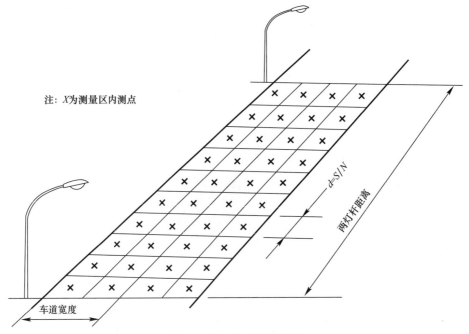

注：X为测量区内测点

两灯杆距离

$d=S/N$

车道宽度

图 6-7　中心点照度测量法

在实际布点时，不用预先完整地画好网格，再去布点，可以通过测量和计算，在路面上直接标出测量点。

2. 交会区的照度测量

交会区的测量测点可按车道宽度均匀布点，车道未经过的区域上的测点可由车道上的测点均匀外延形成，照度测量应测量地面水平照度（见交会区路面照度测量图6-8）。同一交会区、同一种类照明光源的现场显色指数和色温测点不应少于9个。

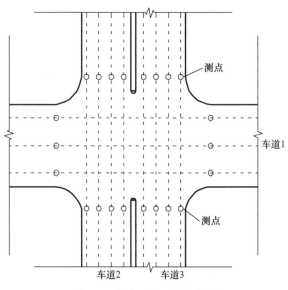

图6-8　交会区路面照度测量

照明功率密度的测量与计算应按整个交会区测量和计算，照明功率密度计算应按式（6-4）进行：

$$LPD = \frac{\sum P_i}{S} \tag{6-4}$$

式中　LPD——照明功率密度；

　　　P_i——被测照明光源的输入功率（含镇流器、驱动电源）；

　　　S——被测量照明场所的面积。

3. 环境比测量和计算

不同灯具布置方式下，环境比的测量应符合下列规定：

（1）当采用单侧布置时，应分别对道路两侧的环境比进行测量，并取低值作为测量结果。

（2）当采用其他布灯方式时，可只选择道路一侧进行环境比测量。环境比检测可在机动车道路缘石外侧带状区域和路缘石内侧等宽度机动车道上的中心线上测量，测点间距宜为灯杆间距的1/10，但测点间隔不应大于5m。环境比测试带状区域宽度取机动车道路半宽度与机动车道路缘石外侧无遮挡带状区域宽度二者之间的较小值，但不超过5m。

4. 人行道的照度测量

人行道的照明测量应选择能代表该条道路的路段，根据照明布置测量两灯杆间距，当车行道的照明对人行道的照明有影响时，照明测量路段应被关联考虑。照度测点宜在道路横向将道路两等分，在道路纵向将两灯杆间距10等分，但测点间距不应大于5m。

人行道的照明测量应测量地面水平照度和1.5m高度上的垂直照度、显色指数、色温和照明功率密度。照明功率密度的测量区域应与照度测量区域对应，计算按式（6-4）进行。同一测量路段的现场显色指数和色温测点不应少于9个。

5. 人行地道的照度测量

人行地道的水平路段照明测量应测量地面水平照度和1.5m高度上的垂直照度，测点间距按2~5m均匀布点。上下台阶通道或坡道应测量台阶面水平照度和各台阶踢板垂直照度或坡道面的照度。测点在上下台阶通道或坡道横向两等分或三等分，纵向宜将上下台阶通道或坡道间距5~10等分。

照明功率密度的测量与照度测量区域对应，计算按式（6-4）进行，现场显色指数和色温每个场所测点不应少于9个。

6. 广场照度测量

广场照明测量应选择典型区域或整个场地进行照度测量，对于完全对称布置照明装置的规则场地，可测量二分之一或四分之一的场地。应在已划分网格的测量场地地面上测量照度，也可根据广场实际情况确定所需要测量平面的高度。

广场场地宜被划分为边长5~10m的矩形网格。网格形状宜为正方形，可在网格中心或网格四角上测量照度。

城市道路照明测量的计算方法：照明功率密度的计算方法应按式（6-4）；平均水平照度应按式（6-5）；水平照度均匀度的计算方法可按式（6-6）和式（6-7）进行。

6.2.3 平均水平照度和照度均匀度的计算

1. 平均水平照度计算

$$E_{av} = \frac{1}{M \cdot N} \sum_{i=1}^{MN} E_i \qquad (6-5)$$

式中 E_{av}——平均水平照度；

E_i——在第 i 个测点上的照度；

M——纵向网格数；

N——横向网格数。

2. 水平照度均匀度的计算式

$$U_{E1} = E_{min}/E_{av} \qquad (6-6)$$

式中 U_{E1}——照度均匀度（均差）；

E_{min}——测点的最小照度值；

E_{av}——按式（6-4）求出的平均水平照度。

$$U_{E2} = E_{min}/E_{max} \qquad (6-7)$$

式中 U_{E2}——照度均匀度（极差）；

E_{min}——测点的最小照度值；

E_{max}——测点的最大照度值。

6.2.4 半柱面照度测量

半柱面照度通常用来衡量人行道和自行车道的照明效果。在行人较多的区域，夜间照明的主要目的是能够迅速识别前方地面上的障碍物和一定距离内的行人，如果只有水平照度，如要识别前方行人面部特征和垂直面上的目标，就没有足够的时间来辨识前方的行人和障碍物。从研究结果表明，辨别前方目标的最小距离约 4m 处离地面 1.5m 高度（人脸的平均高度），有 0.8lx 照度均能满足辨认要求。在 10m 处所需推荐的半柱面照度为 2.7lx，为了确保在任何位置有足够高的辨认概率，CIE 第 92 号出版物推荐出了半柱面照度的概念。

（1）半柱面照度计算所需的角度见图 6-9，现场测量可使用和照度计配置的专用光度探测器进行测量。当半柱面照度最低点在灯具正下方时，在计算最小值时，也可选附近的其他点。半柱面照度测量应根据设计要求设置接收器高度，采用半柱面照度计，其照度计光度探头测量面法线应与所测试垂直照度方向一致。

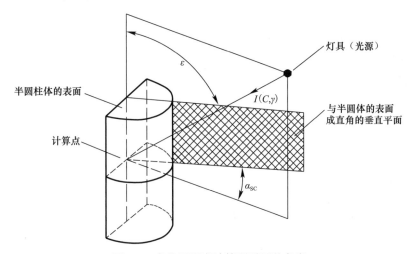

图 6-9 半柱面照度计算所需要的角度

半柱面照度计算按式（6-8）计算：

$$E_{SC} = \sum \frac{I(c, \gamma)(1 + \cos\alpha_{SC})\cos^2\varepsilon \cdot \sin\varepsilon \cdot MF}{\pi(H - 1.5)^2} \tag{6-8}$$

式中　E_{SC}——计算点上的维持半柱面照度；

　　　$\sum$——所有有关灯具贡献的综合；

　$I(c, \gamma)$——灯具射向计算点方向的光强；

　　α_{SC}——为光强矢量所在的垂直面和与半圆柱体的表面垂直的平面之间的夹角（图 6-9）；

　　　γ——垂直光度角；

　　　c——水平光度角；

　　　ε——入射光线与通过计算点的水平面法线间的角度；

　　　H——灯具的安装高度；

　　　MF——光源光通量维护系数和灯具维护系数的乘积。

（2）测量三个方向垂直照度，见图 6-10，按式（6-9）计算半柱面照度，其中垂直照度 E_{v1} 方向应与所测试半柱面照度方向一致。

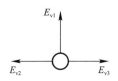

图 6-10 用于半柱面照度计算的垂直照度测量方向

$$E_{SC} \approx 0.5E_{v1} + 0.25(E_{v2} + E_{v3}) \tag{6-9}$$

式中　E_{SC}——半柱面照度；

E_{v1}——测量点处在半柱面照度测量方向上的垂直照度；

E_{v2}，E_{v3}——通过测量点的水平面上与半柱面照度测量方向垂直的两个方向的垂直照度。

6.2.5　道路照明现场测量案例

根据某城市高架道路机动车道设计计算要求，对照现行标准《城市道路照明设计标准》CJJ 45，经现场实测数据来验证设计是否符合设计标准要求。

该高架路属城市一级主干道，道路设计车速为 80km/h，单向行驶道路宽度为 $W=$ 12m，按照设计标准 E_{av} 为 20/30lx，U_E 最小值为 0.4，$LPD \leqslant 0.7\text{W/m}^2$。

设计计算条件及主要参数：照明光源采用 250W 高压钠灯。灯具选用半截光型灯具。照明水平为路面平均照度≥20lx，均匀度≥0.4，功率密度≤0.7W/m²，灯杆排列方式采用两侧对称排列。灯具安装高度（H）10m。灯臂悬挑长度1.2m，仰角（θ）10°。

经现场道路照明测量数据是：$E_{av} = 27.94\text{lx}$，$U_E = 0.354$，比设计标准偏小，$LPD = 0.69\text{W/m}^2$，基本符合设计标准要求。现场实际测量完后，应绘制道路断面图、测量区域图和等照度曲线图等图，填报照度（亮度）测试报告表，示例见图6-11～图6-15。

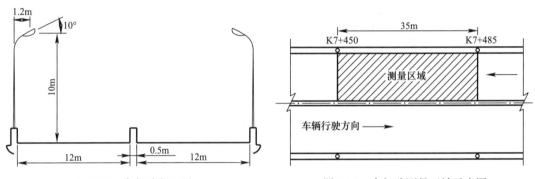

图 6-11　高架路断面图　　　　　　　图 6-12　高架路测量区域示意图

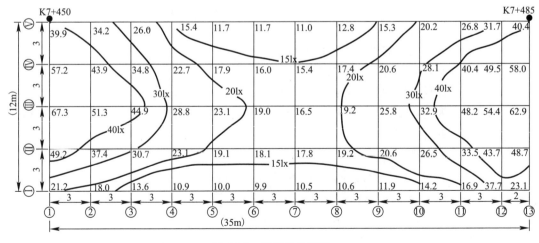

图 6-13　等照度曲线图

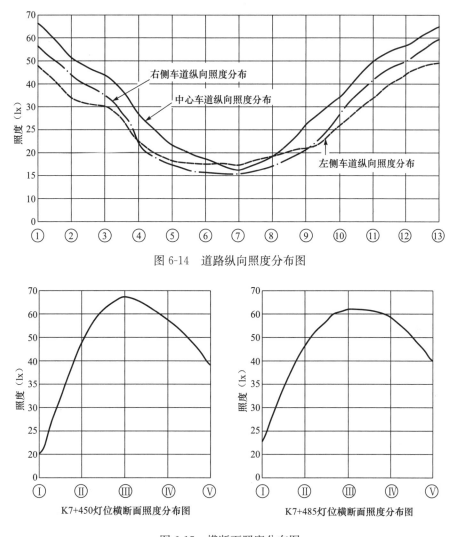

图 6-14　道路纵向照度分布图

图 6-15　横断面照度分布图

6.3　道路照明亮度测量

6.3.1　亮度测量的路段范围和布点方法

亮度测量的路段选择范围：在道路纵向应当从一根灯杆起 60～160m 距离以内的区域（图 6-16），至少应包括同一侧两根灯杆之间的区域。对于交错布灯，应为观测方向右侧两根灯杆之间区域，在道路横向应为整条路宽。

亮度测量的布点方法：若仅用积分亮度计测量路面平均亮度时，则不用布点；若用亮度计测量各测点亮度时，则应布点。在道路纵向，当同一侧两灯杆间距小于或等于 50m 时，通常应在两灯杆间按等间距布置 10 个测点；当两灯杆间距大于 50m 时，应按两测点间距小于或等于 5m 的原则确定测点数；在道路横向，在每条车道横向应布置 5 个测点，其中间一点应位于车道的中心线上，两侧最外面的两点应分别位于距每条车道两侧边界线

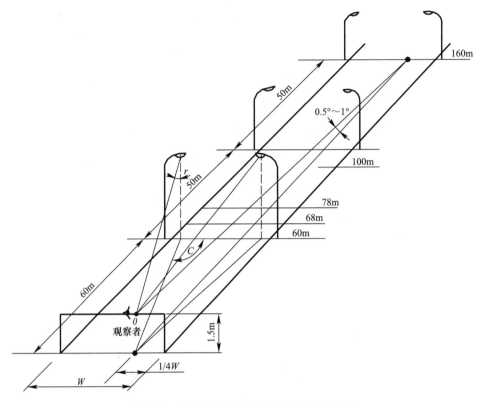

图 6-16　观察者前方 60~160m 路面透视图

的 1/10 车道宽处。当亮度均匀度较好或对测量的准确度要求较低时，在每条车道横向可布置 3 个点，其中间一点应位于每条车道中心线上，两侧的两个点应分别位于距每条车道两侧边界线的 1/10 车道宽处。

6.3.2　路面亮度现场测量

路面亮度的实际测量和照度测量相比更为重要。这是因为：①CIE 及多数国家的道路照明标准都采用亮度值；②固然现在进行道路照明设计时，亮度可预先进行计算，但由于影响因素很多，而且计算时可供采用的各种基本参数可能不那么全，因此，照明设施投入运行后路面的实际亮度和设计亮度可能有较大出入，有必要通过实测确定驾驶员所感受到的实际亮度。

路面亮度概念。通常测量路面某一点的亮度和测量某一点的照度一样，包含了该点在内的具有一定大小面积上的平均亮度。面积的大小取决于测量时所用的亮度计视场角的大小。当然，无论所用的亮度计视场角有多小，围绕该点的面积比测量该点照度时围绕该点面积要大许多。主要是因为测量路面上某点的照度时，是把照度计的接收器放在该点上，直接接收各灯具射入它上面的光；而测量该点的亮度时，要把亮度计放在距该点一定距离处，令亮度计瞄准该点，这时亮度计所接收到的就是包括了该点在内的比较大的一块面积上的反射光。

测量路面亮度时，测量区域及测量点数量与路面宽度（车道数）及灯具的布置方式有关。观测点的高度和位置如图 6-16 所示，观察者的观测点高度为 1.5m，观测点的纵向位置距第一横排路灯 60m 处，对于平均亮度和亮度总均匀度的测量，应位于观测方向路右侧路缘内侧 1/4 路宽处。不同灯具布置方式下的观测点设置应符合图 6-17、图 6-18 规定。对于平均亮度和亮度总均匀度的测量，应位于被测车道的中心线上。亮度纵向均匀度的亮度观测点横向位置位于被测车道的中心线上。

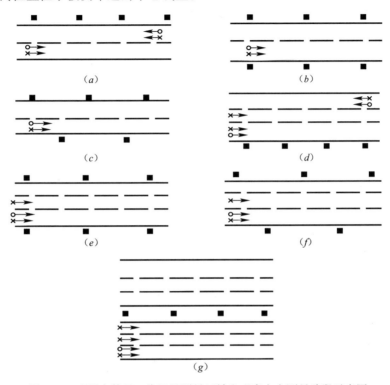

图 6-17　观测点数量、位置及测量区域和观察方向测量路段示意图
(*a*) 双车道单侧布置；(*b*) 双车道双侧对称布置；(*c*) 双车道双侧交错布置；(*d*) 三车道单侧布置；
(*e*) 三车道双侧对称布置；(*f*) 三车道双侧交错布置；(*g*) 六车道中心对称布置
o——测量平均亮度、亮度总均匀度的观测点位置；x——测量亮度纵向均匀度的观测点位置；■——灯具的位置

6.3.3　平均亮度和亮度均匀度的计算

（1）应按式（6-10）计算平均亮度：

$$L_{av} = \frac{\sum\limits_{i=1}^{n} L_i}{n} \tag{6-10}$$

式中　L_{av}——平均亮度；
　　　L_i——各测点的亮度；
　　　n——测点数。

（2）亮度总均匀度的计算：

$$U_O = L_{min}/L_{av} \tag{6-11}$$

式中　U_O——亮度总均匀度；
　　　L_{min}——从规则分布测点上测出的最小亮度；
　　　L_{av}——按（6-10）式算出的平均亮度。

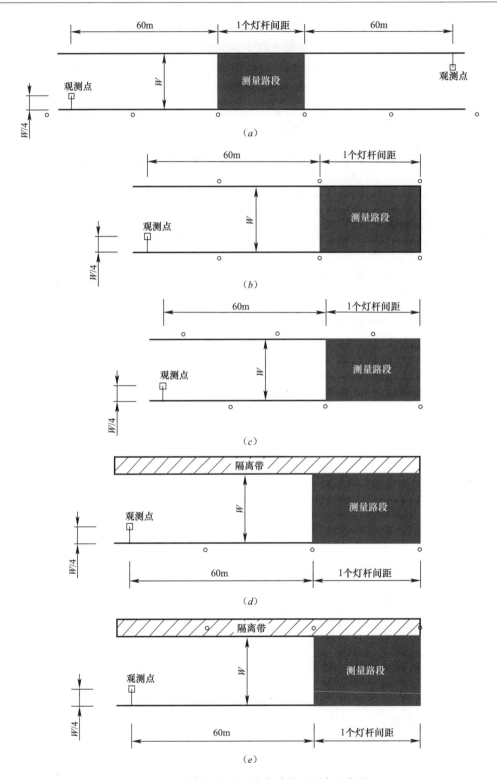

图 6-18　道路亮度测量-亮度计的观测点示意图

（a）单侧布置时；（b）双侧对称布置时；（c）双侧交错布置时；（d）有中间隔离带双侧布置时；

（e）有中间隔离带中心对称布置时

（3）亮度纵向均匀度的计算：

应将测量出的各车道的亮度纵向均匀度中的最小值与最大值之比作为路面的亮度纵向均匀度，各车道的亮度纵向均匀度应按式（6-12）计算：

$$U_{L} = L'_{min}/L'_{max} \tag{6-12}$$

式中　U_{L}——亮度纵向均匀度；

　　　L'_{min}——分别测出的每条车道的最小亮度；

　　　L'_{max}——分别测出的每条车道的最大亮度。

6.4　其他参数测量

6.4.1　色度参数测量

现场的色温和显色指数测量应采用光谱辐射计，每个场地测量点的数量不应少于 9 个测点，然后，求其算术平均值作为该被测照明现场的色温和显色指数。当需要测量 LED 灯具色容差、颜色空间分布均匀性和颜色漂移等指标时，可按图 6-19 要求检测。

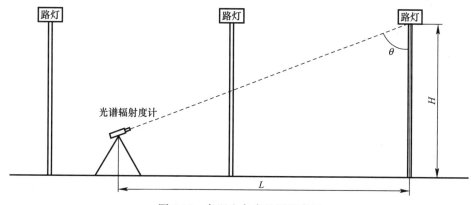

图 6-19　色温和色容差测示意图

1）色容差的计算

在每个观测位置（表 6-3 和图 6-19）用装配有亮度头的分光测色仪对准被测灯具出光口，测量灯的色温及色坐标，并根据式（6-13）～式（6-15）计算灯具色温及色容差：

道路照明色温测点表　　表 6-3

观测序号	1	2	3	4	5	6	7	8	9
观测角度（θ）	0°	10°	20°	30°	40°	50°	60°	70°	80°
观测角度（L）	0.00H	0.18H	0.36H	0.58H	0.84H	1.19H	1.73H	2.75H	5.67H

注：H 为灯具安装高度。

$$\bar{T} = \sum_{i=1}^{9} T_i \tag{6-13}$$

$$\bar{x} = \sum_{i=1}^{9} x(\theta_i) \cdot w_i(\theta_i) \tag{6-14}$$

$$\bar{y} = \sum_{i=1}^{9} y(\theta_i) \cdot w_i(\theta_i) \tag{6-15}$$

其中：

$$w_i(\theta_i) = \frac{I(\theta_i) \cdot \Omega(\theta_i)}{\sum\limits_{i=1}^{9} I(\theta_i) \cdot \Omega(\theta_i)}$$

$$\Omega(\theta_i) = \begin{cases} 2\pi\left[\cos(\theta_i) - \cos\left(\theta_i + \dfrac{\Delta\theta}{2}\right)\right]; & \text{for } \theta_i = 0° \\[2mm] 2\pi\left[\cos\left(\theta_i - \dfrac{\Delta\theta}{2}\right) - \cos\left(\theta_i + \dfrac{\Delta\theta}{2}\right)\right]; & \text{for } \theta_i = 10°, \cdots 80° \\[2mm] 2\pi\left[\cos\left(\theta_i - \dfrac{\Delta\theta}{2}\right) - \cos(\theta_i)\right]; & \text{for } \theta_i = 90° \end{cases}$$

$$\Delta\theta = 10°$$

色容差应按式（6-16）计算。

$$S = \sqrt{g_{11}\Delta x^2 + 2g_{12}\Delta x \Delta y + g_{22}\Delta y^2} \tag{6-16}$$

式中　　　S——色容差；

Δx、Δy——色坐标与额定坐标值的差，额定值可按表 6-4 确定；

g_{11}、g_{12}、g_{22}——MacAdam 椭圆计算系数，可按表 6-5 确定。

标准色坐标表　　　　　　　　　　　　　表 6-4

颜色	T_{cp}	x	y
F6500	6400	0.313	0.337
F5000	5000	0.346	0.359
F4000	4040	0.380	0.380
F3500	3450	0.409	0.394
F3000	2940	0.440	0.403
F2700	2720	0.463	0.420

MacAdam 椭圆计算系数表　　　　　　　　　表 6-5

颜色	g_{11}	g_{12}	g_{22}
F6500	86×10^4	-40×10^4	45×10^4
F5000	56×10^4	-25×10^4	28×10^4
F4000	39.5×10^4	-21.5×10^4	26×10^4
F3500	38×10^4	-20×10^4	25×10^4
F3000	39×10^4	-19.5×10^4	27.5×10^4
F2700	44×10^4	-18.6×10^4	27×10^4

2）颜色空间分布均匀性

颜色空间分布均匀性是在 CIE 1976 色度空间（$CIE(u', v')$）下，计算各测量点测得色坐标值与灯具平均色坐标之间的最大偏差。

3）颜色漂移

颜色空间分布均匀性是在 CIE 1976 色度空间（$CIE(u', v')$）下，灯具不同使用时间后测量灯具平均色坐标之间的最大偏差，可根据式（6-17）计算得出：

$$\Delta u'v' = \mathop{MAX}_{i=1,\ j=i+1}^{i=(m-1),\ j=m} (\sqrt{(u'_i - u'_j)^2 + (v'_i - v'_j)}) \tag{6-17}$$

式中 i——第 i 次色温测量结果；

$\quad j$——第 j 次色温测量结果；

$\quad m$——为监测次数。

6.4.2 反射比的测量

照明现场反射比的测量可采用便携式反射比测量仪器直接测量，也可采用间接方法即用照度计或亮度计加标准白板的方法测量反射比。在每个被测表面一般选取 3～5 个测点的测量值，再求其算术平均值，作为该被测面的反射比。

用照度计测量漫反射表面的反射比。应选择不受直接光影响的被测表面位置，将照度计的接收器紧贴被测表面的某一位置，测其入射照度 E_R，然后将接收器的感光面对准同一被测表面的原来位置，逐渐平移离开，待照度值稳定后，读取反射照度 E_f，测量示意图如图 6-20 所示。按式（6-18）求出反射比：

$$\rho = \frac{E_f}{E_R} \tag{6-18}$$

式中 ρ——反射比；

$\quad E_f$——反射照度；

$\quad E_R$——入射照度。

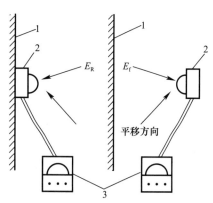

图 6-20 测量示意图
1—被测表面；2—接收器；3—照度计

用照度计和亮度计的方法测量反射比。对漫反射表面，分别用亮度计和照度计测出被测表面的亮度和照度后，由式（6-19）求出反射比。

$$\rho = \frac{\pi L}{E} \tag{6-19}$$

式中 ρ——反射比；

$\quad L$——被测表面的亮度；

$\quad E$——被测表面的照度。

亮度计加标准白板的方法测量反射比。将标准白板放置被测表面，用亮度计读出标准白板的亮度，保持亮度计位置不动，移去标准白板，用亮度计读出被测表面上的亮度后，按由式（6-20）求出反射比。

$$\rho = \frac{L_{被测}}{L_{白板}} \times \rho_{白板} \tag{6-20}$$

式中 ρ——反射比；

$\quad L_{被测}$——被测表面的亮度；

$\quad L_{白板}$——标准白板的亮度；

$\quad \rho_{白板}$——标准白板的反射比。

6.5　测量要求和报告内容

6.5.1　测量时应注意事项

（1）在现场进行测量照明时，现场的照明光源宜满足下列要求：

1）气体放电灯类光源累计燃点时间在 100h 以上。

2）LED 灯具建议累计燃点时间在 1000h 以上。

（2）在照明现场进行照明测量时，应在下列时间后进行：

1）气体放电灯类光源燃点 40min。

2）根据 IES LM 79-08 的规定 LED 灯具燃点 30min～2h。

（3）宜在额定电压下进行照明测量。在测量时，应监测电源电压；若实测电压偏差超过相关标准规定的范围时，对测量结果应做相应的修正。

（4）在测量时，应监测环境温度，当实测照度时的环境温度和标定时的环境温度差别很大时，就得对温度影响进行修正。

（5）室外照明测量应在清洁和干燥的路面或场地上进行，不宜在明月或测量场地有积水或积雪时进行测量。

（6）测量人员不宜穿白色衣服，注意排除杂散光射入光接收器，防止测量人员和围观群众对光接收器造成阴影和遮挡。

（7）测量照度时，接收器应被水平放置，距路面高度小于或等于 15cm。若不符合这些要求，如接收器的倾斜角超过 10°、距离路面超过 15cm 时，应在测试报告中说明。

（8）测量亮度时，为确保亮度计瞄准测量点，可用一盏小红灯放置在被测点上，使亮度计对准小红灯，在读数前再把灯移开。

6.5.2　测量报告应包括的内容

（1）测量日期、时间、气候条件（如天气、温度）。

（2）测量场所信息（包括城市、街道、路段名称及灯杆号等信息）。

（3）光源和灯具（包括镇流器等电气附件）的型号、规格和数量。

（4）灯具的排列方式、间距、安装高度、仰角、悬挑的长度。

（5）光源和灯具的使用时间，最近一次的清扫日期。

（6）测试场所路段的环境（明或暗）和电参数（供电电压等）。

（7）功率密度的计算结果。

（8）测量仪器信息（编号、检定日期等）。

（9）标有尺寸的照度测点布置图及各测点的照度测量值。

（10）平均照度、均匀度的计算结果。

（11）标有尺寸的亮度测点布置图及各测点的亮度测量值。

（12）观测点（亮度计）位置布置图。

（13）平均亮度、亮度总均匀度、亮度纵向均匀度计算结果。

（14）测试单位和人员名单。

（15）道路照明现场测量报告表。

参 考 文 献

［1］ 张华. 城市照明设计与施工［M］. 北京：中国建筑工业出版社，2012.

［2］ 李铁楠. 城市道路照明设计［M］. 北京：机械工业出版社，2007.